電気浸透脱水技術

—— 基本から活用まで ——

吉田 裕志

東京図書出版

はじめに

本書の表題中にある「電気浸透脱水」は、化学的な脱水（H_2O）反応式で表されるところの脱水ではなく、物理的な固－液系分離方法の一つとしての脱水（液）法に関するものであり、物理的な存在状態にある液体の水を対象にした脱水分離について解説した書物です。主に化学工学分野で対象とされる固液分離・脱水操作には、沈降濃縮、濾過、遠心分離、圧搾、膜分離などがありますが、これらは一般に分離駆動力としての重力や遠心力、圧力場などを利用した機械的操作によるものですが、電気浸透脱水法は電場を利用した電気化学的な方法による脱水であり、伝統的に、あるいは広く一般に利用されている上記のような機械的方法による脱水操作とは本質的にその脱水メカニズムを異にしています。

各種産業において工業的プロセスを構成するアップストリーム（上流）といわれるプロセスに対し、ダウンストリーム（下流）技術である分離・精製プロセスは通常複雑で多岐にわたる工程を経ることが多く、効率的な工業プロセスを設計・運転操作するためには極めて重要なプロセスとされています。また、資源やエネルギー等の経済的見地や環境保全の問題からも技術的に十分な考慮や対応が必要なプロセスです。

筆者は、広汎な分離・精製プロセスの中の固－液系分離操作の一つである電気浸透脱水法に関する研究に長年携わり、多くの学会発表や論文発表を行ってきました。しかし、国の内外において電気浸透脱水技術に特化してその基礎から応用までを体系的に著した書物はほとんど見当たりません。そこで、拙くささやかな研究結果や知見ではありますが、当該分野に関係します研究者や技術者等に対する一つの工学的および技術的情報の提供という観点から、容易に有効活用できるようにできるだけ平易で読みやすく、さらに歴史的経緯や現状までも含めて体系的に電気浸透脱水法の基礎から応用までを理解してもらえるよう本書を発刊することにいたしました。

本書は６章から構成されています。

第１章では、電気浸透脱水法の基礎的原理が理解できるように、界面動電現象の中の一つである電気浸透現象について概説しました。

第２章では、各種工業プロセス中の脱水分離操作の位置付けと、一般的に実用されている機械的脱水方法について簡単に記述しました。

第３章では、電気浸透脱水技術の歴史的背景と応用分野について概説しました。また、研究室規模で一般的に使用されている代表的な実験装置と方法、およびデータ整理方法等を紹介するとともに、本方法の特徴や問題点を説明しました。したがって、本技術の利用の可否や是非についての確認が容易にでき、応用を計画する上で役立つものと思います。

第４章では、簡単なモデル化による電気浸透脱水プロセスの基礎的な設計操作理論について解説し、電気浸透脱水過程の近似的計算方法について説明するとともに、実験に基づく基礎データから本脱水プロセスの工学的評価を理論的側面から簡便に行えるようにしました。また、電気浸透脱水プロセスについて理論的により深く理解してもらうために厳密で詳細な解析方法による設計操作理論を加えて記述してありますので、必要に応じて併せて理論的評価に活用してもらうことができると思います。

第５章では、電気浸透脱水法を実際に応用するときの電場の印加方法の多様性について説明するとともに、本方法の適用性に対する適切な対象物と考えられる脱水試料特性、および試料特性に対する有効な電場印加方法について解説しました。したがって、本技術の具体的な適用の仕方を考える上で参考になると思います。

最後の第６章では、最近の国内外の実用化研究と実用装置の概要に触れ、本技術の現状における課題や問題点、および将来的展望について私見も交えて述べてみました。

電気浸透脱水技術について初めて学ぶ方、また固液分離技術にすでに関わってきている研究者や技術者の方々、共に役立てることができるように心がけて内容を工夫して著したつもりです。拙著が少しでもお役に立てれば大変幸いです。

次図は、電気浸透脱水の基礎的原理に関する液中イオンの水和物と電気浸透現象のイメージ図です。

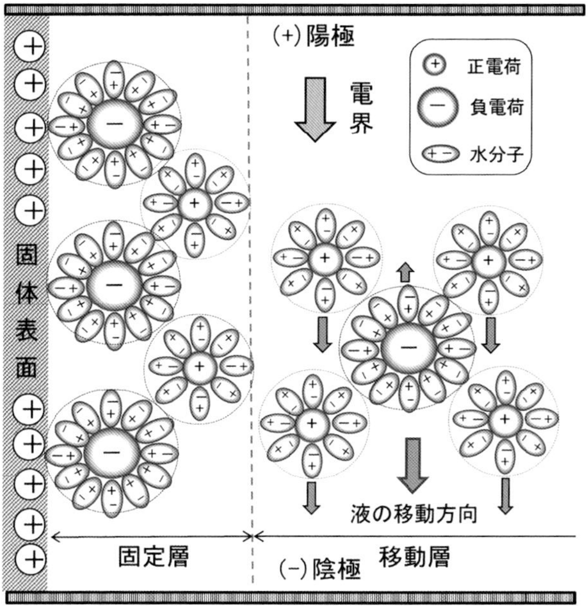

なお、本書の出版にあたり、群馬大学名誉教授：故油川博先生並びに名古屋大学名誉教授：故白戸紋平先生には本技術に関して長い間研究のご指導をいただきました。ここに記して感謝申し上げますとともに本書を捧げます。

また、本技術の研究に関して実験データの取得や整理に多大な助力をいただいた、小山工業高等専門学校工業化学科〈1995年、物質工学科に改称〉および専攻科〈物質工学専攻〉の多くの卒業生に感謝するとともに、学会活動における研究発表等で様々なご教示やご指導をいただいた、研究者や技術者の皆様に謝意を表します。

2020年9月

吉田裕志（小山工業高等専門学校名誉教授）

目　次

第1章　電気浸透現象とは

電気浸透脱水法の原理の基となる異相界面に形成される電気二重層と、電気二重層に起因する界面動電現象についての概要を紹介し、界面動電現象の一つである電気浸透現象の基礎理論を概説します。その上で、固－液系混合物である湿潤粒子層内の電気浸透流の速度式と電気浸透脱水式について必要最小限の数式を用いて説明します。

1-1　異相界面における電気二重層の形成

固体、液体、および気体の相異なる二相が接触しているときに様々な理由によって各相には正あるいは負の電荷が生じて異相界面近傍には電位分布が形成され、表1-1 [1] に例示されるように、異相間には一般に10～100 mV 程度の電位差（後述の界面動電位〈ゼータ“ζ”電位〉）を生ずるようになります。このような電位差の発生機構は大変複雑ですが、正、負の電荷によって形成される電気的二重層の成因は以下のような事項に要約されると言われています。なお、各事項の詳細については文献 [2～4] 等を参考にされたい。

⑴　異相の接触による電位差の発生
⑵　イオンや双極子の吸着
⑶　固体表面の電離
⑷　表面活性
⑸　その他

上記のような理由によって、例えば、固－液系で固体表面が正の電荷を帯びているとすると、電気的中性の原理にしたがって、イオンあるいは分子程度の近接した距離において固体表面の正電荷の電気的引力によって負の電荷が高密度で相対峙して液中に分布することになり、異相界面近傍には模式的に図1-1に示されるような電気二重層構造と電位分布が形成されます。このような異相界面に外部から電場を加えると、電気二重層内の正負の電荷はそれぞれ電気的引力によって反対符号の電極（陽極あるいは陰極）に引かれるようになり、界面を挟んで相対的な運動を起こすような作用を生じることになります。電気二重層に起因して発生する動的諸現象が界面動電現象であり、固相が固定されている場合には、液中の電荷の運動とともに周囲の液体分子の移動に伴って液本体が移動するようになります（電気浸透）。また、固相が微粒子のような懸濁分散系の場合には、静止状態にある分散媒の液体に対して懸濁固体粒子の方が運動するようになります（電気泳動）。

表1-1　水に対する各種物質のζ-電位

物質名	ζ-電位［mV］
石英	−44
硫化ヒ素	−32
金ゾル	−58
銀ゾル	−34
ベルリンブルー	−24
シリンダ油	−52
液状パラフィン	−13
アニリン	−60
酸化第二鉄	+44
水酸化第二鉄	+44
鉛ゾル	+18
銅ゾル	+48

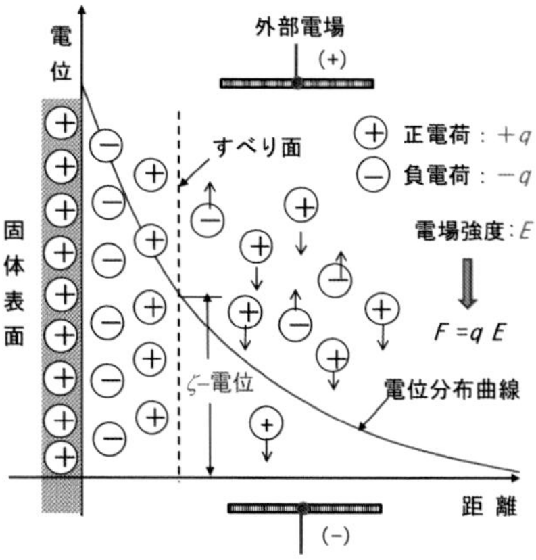

図1-1　電気二重層と電位分布

1-2　界面動電現象と電気浸透

電気浸透や電気泳動などの界面動電現象に重要な役割を果たすのが図1-1のすべり面における界面動電位（ζ-電位）です。図において、固－液系の異相界面に外部電場（電場強度E）を加えると、電気二重層中のすべり面の外側の正負の電荷（$\pm q$）はそれぞれ電気的引力（$F=qE$）によって反対符号の電極（陽極あるいは陰極）に引かれるようになり、固相（固体表面近傍の電気二重層中の正負の電荷を含む）が固定されているような状態のときには、固相に対して液本体中の負電荷（高濃度電荷側）が陽極方向に引かれるとともに摩擦力によって液本体の移動が起こる現象が電気浸透です。すなわち、図1-2に示すように、U字管の底部を多孔性隔膜あるいは微粒子を充塡した固定層（粒子充塡層）などで仕切って隔てた液の両側に電極を設置して外部電場（一般には直流〈DC〉電場）を加えると、電気浸透現象によって隔膜または粒子充塡層を通して液の移動（図では右方向）が起こるようになります。ここで、隔膜や粒子層中の細孔を毛細管群と見做すと、毛細管の壁面近傍に形成される電気二重層構造における可動部分、すなわち、図1-1のζ-電位を示す位置から外側（管中心側）の液本体中の電荷（負）が電気的引力によって

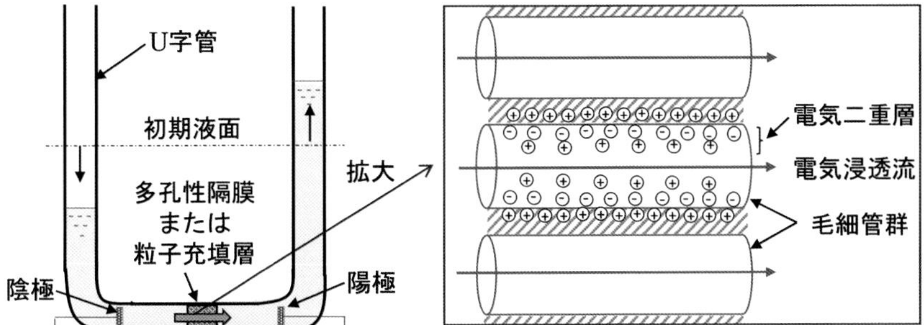

図1-2　電気浸透現象

陽極側に引かれることによって液本体の移動が発生するようになります。したがって、液の移動方向は外部電場の正負の向きによって決まります。

1-3　電気浸透現象の基礎理論 ── 速度式

前述のように、図1-1において外部電場によって電気浸透現象が起こる場合、液体の運動は固体表面に電気的引力によって強固に密着している液相の外側で生ずると考えられ、密着液相と運動液相との境界のすべり面における電位が浸透現象に関係する ζ-電位です。したがって、ζ-電位は電気浸透流の速度を決定する重要な因子であり、毛細管中の電気浸透速度 u は古典的理論によると次式のように表されます。

$$u = \left(\frac{\zeta D}{4\pi\mu} \right) E \tag{1-1}$$

ここに、D、μ はそれぞれ液体の誘電率および粘度です。上式は電気二重層に対して平行平板コンデンサー理論[2, 3]を適用することによって得られますが、Helmholtz-Smoluchowski の式[2～4]と呼ばれています。また、(1-1) 式は図1-2における毛細管径に比べて電気二重層構造の厚みが十分小さく毛細管径は無視できると仮定したときに成立する式です。したがって、(1-1) 式には毛細管径は含まれていませんが、電気浸透脱水機構を理論的に考察する上での一つの基本式であると考えられます。

一方、電気浸透と相対的な運動である懸濁固体粒子の電気泳動現象を表す速度式としては、(1-1) 式と類似した次のような Debye-Hückel の式[2]があります。

$$u = \left(\frac{\zeta D}{\kappa\pi\mu} \right) E \tag{1-2}$$

上式のκは分散粒子の形状係数で、円筒形の場合に$\kappa = 4$としています。また、電気二重層の厚さが分散粒子の半径に比べて著しく小さい場合には、液体および粒子の電気伝導度を考慮し、(1-2) 式を修正した次のHenryの式[2)]が用いられます。

$$u = \frac{\zeta D}{\kappa \pi \mu}\left(\frac{\mathrm{a}\lambda_{\mathrm{L}}}{\mathrm{b}\lambda_{\mathrm{L}}+\lambda_{\mathrm{S}}}\right)E \tag{1-3}$$

ここに、$\lambda_{\mathrm{L}}, \lambda_{\mathrm{S}}$はそれぞれ液体および粒子の比電導度で、a, bは粒子形状に基づく定数です。

(1-2) 式および (1-3) 式は電気泳動現象に対して提案された速度式ですが、相対的運動である電気浸透現象にも適用できるとされているものです。しかし、いずれの式の場合も実際の計算には電気浸透度（あるいは電気浸透係数）と定義される種々の因子を含んだ係数αを用いて、

$$u = \alpha E \tag{1-4}$$

で表し、実験的に以下のような実測データからαを求めて電気浸透速度uを求める方法が取られています[2)]。

すなわち、断面積A、距離（厚さ）Lの多孔性隔膜あるいは粒子充填層（空隙率ε）に電圧Vを加えて電気浸透流量Qを実測し、次式によって近似的にαを計算します。

$$\alpha = \frac{u}{E} = \frac{Q}{(A\varepsilon)(V/L)} \tag{1-5}$$

上式において、電気浸透度αは、単位面積 $(A\varepsilon)$（隔膜中の毛細管群全断面積あるいは粒子充填層中の液の流動断面積）および単位電場強度 (V/L) 当たりの電気浸透流量 (Q) を意味しており、単位電場強度当たりの流動速度を表す一つの定数として扱われ、単位は［$\mathrm{m^2/(V{\cdot}s)}$］になります。なお、電気浸透脱水操作では時間とともに減少変化する脱水流

量である Q の測定は脱水実験の初期、すなわち脱水速度が近似的に一定値を示す短時間内で実測することが必要になります。

1-4　湿潤粒子層内の電気浸透速度式

微細粒子の沈殿物のスラッジやスラリーの濾過ケークなどの微粒子充塡層のような場合には、図1-2において毛細管径が極めて小さくなることが想定され、電気二重層の厚みに対して毛細管径である流路の大きさの影響が無視できなくなることが考えられます。したがって、このような微細粒子から成る固液混合物に対しては前述のような電気浸透現象に関わる速度式を適用することは合理的であるとは言えません。

微細円管状の内部表面が帯電している毛細管中の電気浸透流において、Helmholtz-Smoluchowskiの式が導かれる場合（電気二重層厚さに比べて毛細管径が十分に大きい場合）と、電気二重層厚さに対して毛細管径の影響が無視できなくなるような微粒子充塡層で想定される場合の毛細管モデル内の電位（Ψ）分布曲線はそれぞれ図1-3(a), (b)のように模式的に表すことができます。図1-3(b)に示されるような場合、電場下の毛細管断面の電気浸透流の平均速度 $\overline{v_z}$ は、外部電場強度と電気二重層内の電場強度による電気力を考慮し、粘性流体に関するNavier-Stokesの運動方程式[4, 5]に基づいて導かれ、次式（1-6）で表すことができます。なお、(1-6) 式の誘導については文献[4, 6]を参照されたい。

$$\overline{v_z} = \frac{(d-2\delta)^2}{32\mu}\left(\rho_e E_{0,z} - \frac{dp_L}{dz}\right) \tag{1-6}$$

ここに、d および δ はそれぞれ毛細管径、管壁からすべり面までの距離（電気二重層厚さ）、μ は流体の粘度、ρ_e は流体中の真電荷密度（液体単位体積当たりの電荷密度）、$E_{0,z}$ は z 方向の外部電場強度、dp_L/dz は z 方向における液圧（p_L）勾配です。

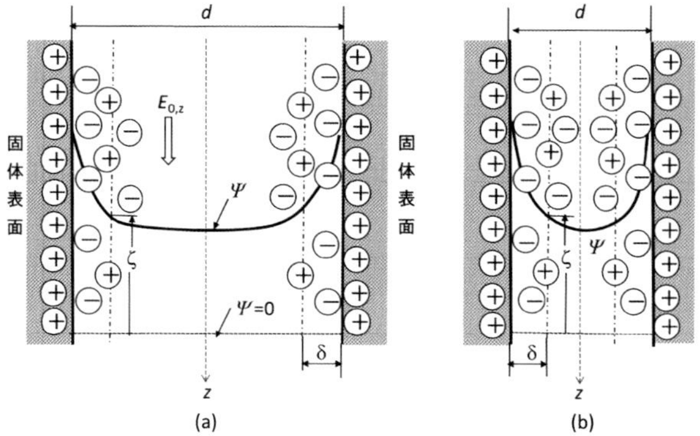

図1-3　毛細管モデル内の電位（Ψ）分布曲線および毛細管径 d と電気二重層厚さ δ

（1-6）式は、右辺第１項が電気浸透流、第２項が圧力流を表します。また、式中には毛細管径 d が含まれ、図1-3(b)の場合には平均流速 $\overline{v_z}$ は d に依存することになります。また、$E_{0,z}=0$、$\delta=0$ とおくと、（1-6）式は円管内を層流状態で流れる流体の平均流速を表すHagen-Poiseulleの式[5)]に帰着します。

したがって、微粒子から成る湿潤粒子充填層のような場合には、図1-3(b)のように、個々の粒子の電気二重層が互いに近接あるいは重畳していると推察されるので、δ に対して流路長である d の影響を考慮する必要があり、電気浸透脱水機構を考察するときには、厳密には（1-6）式を基本式とすることが適切であると考えられます。また、毛細管モデルによって導かれた（1-6）式に対して、非圧縮性湿潤粒子層における粒子層内の屈曲性を考慮し、Kozeny-Carmanの式[5)]の導出と同様の方法で、電場および液圧勾配下の粒子層中の電気浸透現象を表す流動基礎式を次式のように表すことができます。

$$q=\frac{K_{\mathrm{m}}}{\mu}\left(\rho_{\mathrm{e}}E_{0,z}-\frac{\mathrm{d}p_{\mathrm{L}}}{\mathrm{d}z}\right),\quad K_{\mathrm{m}}=\frac{\varepsilon^3}{kS_{\mathrm{v}}{}^2(1-\varepsilon)^2} \tag{1-7}$$

ここに、q は粒子層（空隙率 ε ）内の見掛けの平均液流速であり、体積流量を粒子層断面積で除したものです。k は Kozeny 定数、S_v は粒子の体積基準の比表面積であり、K_m は透過率と呼ばれます。(1-7) 式は $E_{0,z}=0$ とおくと同様に Kozeny-Carman 式に帰着し、q は粒子層中の真の液流速 $\overline{v_\mathrm{z}}$ と空隙率 ε を用いて以下の関係で表されます。

$$q=\varepsilon\overline{v_\mathrm{z}} \tag{1-8}$$

なお、(1-7) 式の誘導については文献[4, 7]を参照されたい。

1-5 圧縮性湿潤粒子層の電気浸透脱水式

湿潤粒子充填層の排液に伴って層の厚さが時間的に減少変化する脱水プロセスや機械的圧力を加えることによって排液と同時に粒子充填層が圧密変化を起こすような圧搾現象では、液体だけでなく含有固体粒子も同時に移動変化します。このような圧縮性湿潤粒子層の脱水過程の解析には、図1-4(a)で表されるような一般的な固定（空間）座標 z ではなく、図1-4(b)に示すような移動（物質）座標 ω を用いた方が便利です[5, 8]。すなわち、ω を粒子層の排液面側からの任意の位置（厚さあるいは高さ）までの単位断面積当たりの堆積粒子質量（体積でもよい）として表すと、粒子層表面の位置（座標）は単位断面積当たりの含有固体粒子群の全質量（あるいは全堆積）であり、粒子層表面の境界条件を脱水経過時間（t）には関係なく定数（ω_0）として扱うことができるようになります。したがって、理論的考察を行うに当たっては ω-座標を用いる方が脱水過程の粒子層の位置を表すのに合理的であると考えられます。この場合、ω-座標と z-座標における微小薄層 $\mathrm{d}\omega$ と $\mathrm{d}z$ の関係は、粒子密度を ρ_p として粒子質量基準を用いると次式のように表されます。

$$\mathrm{d}\omega=\rho_\mathrm{p}(1-\varepsilon)\,\mathrm{d}z \tag{1-9}$$

また、次式（1-10）で表される粒子層の特性を表す流動抵抗（平均濾過比抵抗）α_c、および充填固体粒子群の単位体積当たりの電荷量、すなわち粒子群表面電荷密度 σ_s を用いると、(1-7) 式は（1-11）式のように書き換えられます[7)]。

$$\alpha_c = \frac{kS_v^{\,2}(1-\varepsilon)}{\rho_p \varepsilon^3},\quad \sigma_s = \frac{S_v \zeta D}{\delta} = \frac{\varepsilon \rho_e}{1-\varepsilon} \tag{1-10}$$

$$q = \frac{1}{\mu \alpha_c}\left(\frac{\sigma_s E_{0,z}}{\rho_p \varepsilon} + \frac{\mathrm{d}p_L}{\mathrm{d}\omega}\right) \tag{1-11}$$

なお、(1-11) 式において圧力項（$\mathrm{d}p_L/\mathrm{d}\omega$）の符号がプラス（＋）になっているのは、図1-4においては排液面の位置を座標軸の原点として上向きに取っており、図1-3の場合と座標軸の向きが反対であることに依ります。

ところで、後述するように、電気浸透脱水過程においては湿潤粒子層

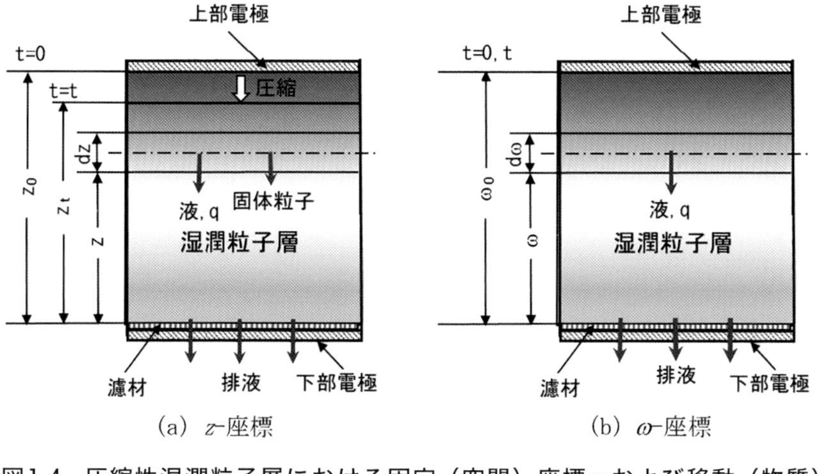

図1-4　圧縮性湿潤粒子層における固定（空間）座標 z および移動（物質）座標 ω

内の座標軸方向における局所的電場強度 E をできる限り一様にすることが望ましいことになります。したがって、脱水に伴って形成される比電気抵抗（比電導度の逆数）の大きい不飽和湿潤粒子層や電極と粒子層との接触不良による電気抵抗の局所的な増大等を抑制するために、一般的には粒子層を機械的に加圧圧縮して効率の良い電気浸透脱水操作を図ることが行われます。この場合、液体の移動とともに固体粒子も同時移動する湿潤粒子層内部の流動機構を考慮することが必要になります。すなわち、機械的圧力と電場を併用して脱水操作を行う場合には電気浸透脱水と加圧脱水が同時に起こります。

ここで、機械的な加圧脱水、すなわち圧搾脱水の場合の湿潤粒子層中の圧密過程における内部流動機構の解析には圧縮透過試験による実験データが用いられ、圧密過程中の粒子層内の流動比抵抗 α や空隙率 ε などの諸特性値は粒子層内の固体粒子圧縮圧力 p_S との関係で実験的に求められます[5, 9]。なお、圧密過程における粒子層内の p_S は p_L と次式のような関係で表されます[5]。

$$\frac{dp_L}{d\omega} + \frac{dp_S}{d\omega} = 0 \tag{1-12}$$

また、上式の関係は電場下での脱水過程においても同様に成立することが明らかにされています[10]。したがって、(1-11) 式中の p_L は p_S に置き換えることができ、(1-12) 式を (1-11) 式に代入して次式が得られます。

$$q = \frac{1}{\mu\alpha_c}\left(\frac{\sigma_s E_{0,z}}{\rho_P \varepsilon} - \frac{dp_S}{d\omega}\right) \tag{1-13}$$

以上のことから、(1-13) 式が圧縮性湿潤粒子層内の固体粒子圧縮圧力 p_S、言い換えれば液圧勾配 p_L を考慮した電気浸透脱水現象を表す流動基礎式となります。

第2章　工業プロセス中の脱水操作の位置付けと機械的脱水法

固－液系分離技術の一つである脱水操作の各種工業プロセス中における位置付けを概説するとともに、一般的な脱水方法として広範に利用されている機械的脱水法について概観し、その特徴を解説します。また、機械的脱水法との比較の視点から電気浸透脱水法の特徴を簡単に紹介します。

2-1　固－液系分離プロセスにおける脱水操作の位置付け

固－液系混合物の分離プロセスの一例として活性汚泥法による廃水処理プロセスを図2-1に示します。下水や排水処理施設の整備普及に伴って図のような廃水処理プロセスから下水汚泥や余剰活性汚泥のような微生物処理汚泥が大量に排出されるようになり、処理プロセス中の最終段階（焼却炉）の相変化（液体を気体に）を伴う乾燥・焼却操作に要する設備費用やエネルギー消費量の低減のためには、その前段の処理汚泥の減量・減容化、すなわち脱水操作などの固液分離工程がプロセス全体の成否を決める極めて重要な処理工程になります。図2-1のプロセスを相変化の伴わない固－液系分離操作の視点で眺めると、沈殿槽の所では“沈降（沈殿濃縮）操作”、濾過機の所では“濾過操作”と言われるそれぞれの単位操作になります。また、濾過機は、脱水機や遠心分離機などの固液分離装置に置き換えることもでき、その場合は、脱水操作や遠心分離操作と言うことができます。

以上、廃水処理プロセス例を挙げて固液分離操作の位置付けと重要性

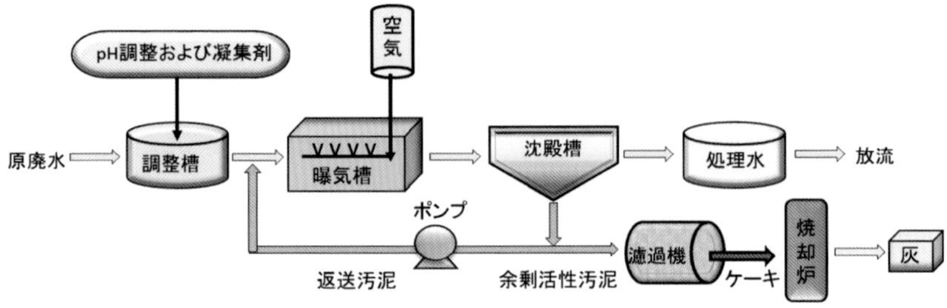

図2-1　活性汚泥法による廃水処理プロセス例

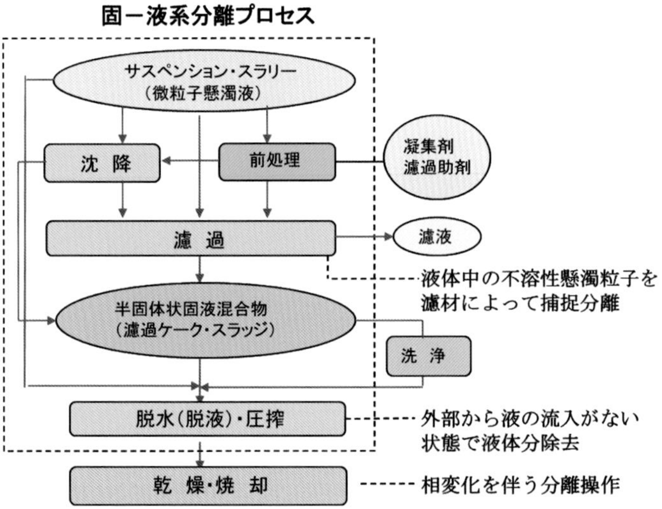

図2-2　微粒子分散系の固－液系分離プロセスの流れ図

を簡単に説明しましたが、固液分離に係わる単位操作の位置付けについては、一般的な微粒子分散系の固－液系分離プロセスとして図2-2のような表し方をすることができます。

微粒子分散系のような固－液系混合物の分離プロセスでは、図2-2に示されるように、一般に自然（重力）沈降による沈殿濃縮操作の後、濾過や遠心分離といった機械的操作によって固体濃度を増加する固液分離操作が行われます。その後、一層の濃度増大の目的で脱水（脱液）操作あるいは圧搾操作などの機械的脱水方法が用いられます。さらに、必要に応じて相変化を伴う工程である最終段階の乾燥や焼却などの熱的操作が行われます。すなわち、希薄固体濃度のサスペンション（微粒子懸濁液）を沈殿装置に供給して沈降濃縮した後に、あるいはサスペンションより高固体濃度のスラリーを直接濾過装置に供給して濾布などの濾材によって液体中の懸濁固体粒子を補足分離してさらに高固体濃度の濾過ケークやスラッジに濃縮します。その後、外部から懸濁液やスラリーの流入がない状態で濾過ケークやスラッジなどの固液混合物を直接あるいは洗浄操作を介して機械的な脱水装置あるいは圧搾装置を用いてさらに脱水（脱液）して含水（液）率の極めて低い半固体状固液混合物にします。したがって、脱水（脱液）操作は乾燥・焼却操作の前段階における相変化を伴わない固－液系分離プロセス中の最後段の重要な固液分離操作として位置付けられます。

なお、以後は“脱水（脱液）”という表現は単に“脱水”、“含水（液）率”は“含水率”と記して述べることにします。

2-2　一般的な機械的脱水法について

前節で述べたように、脱水とは、沈降濃縮による沈殿物（スラッジあるいは泥漿）や濾過分離後の堆積粒子層である濾過ケークのような濃厚固液混合物から相変化を伴わずにより高濃度の固液混合物に分離する一つの単位操作であると言えます。脱水操作は狭義的には外部からの液の流入がない状態で固液分離する操作ですが、広義には沈殿濃縮や濾過操作なども含めて表すことが一般的には多いようです。また、脱水処理の対象物としてはスラッジの表現が広く使用されています。

スラッジのような半固体状固液混合物の脱水操作は、混合物の再資源化を目的とする場合だけでなく、乾燥や焼却処理を行う場合の前処理操作としても必要不可欠な固液分離操作であり、その方法は自然（重力）脱水の他、一般に次のような機械的操作による脱水方法および脱水機（あるいは脱水装置）が主に利用されています[11〜13]。

⑴　真空（減圧）または加圧などの流体圧力による通気脱水：
真空脱水機、加圧脱水機、フィルタープレス（圧濾機）、他

⑵　遠心力を利用する遠心脱水：
遠心脱水機、スクリューデカンター、多重円盤型ロータリーフィルター、他

⑶　機械的圧縮による圧搾脱水：
ベルトプレス、スクリュープレス、ローラープレス、他

⑷　粒子充填層の堆積構造を変形する振動脱水：
振動ふるい、ベルトスクリーン、他

なお、上記のように、脱水機や脱水装置の同意表現として濾過機や濾過装置の呼称が使用されますが、類似の機械や装置として扱うことができます。また、両者の表現を合わせて“濾過脱水”と言う場合もあります。

機械的脱水法は各種工業プロセスで大量に排出される様々なスラッジ、あるいは分離困難なスラッジの脱水処理を目的として広く実用されています。しかしながら、これらの機械的脱水法の多くはいずれの場合も脱水速度を支配する固液分離材（以下、濾材と表現）表面上近傍の堆積粒子層が流体圧力や圧縮圧力などによって緻密になって空隙が小さくなると同時に濾材の目詰まり、つまり閉塞現象が起こって脱水速度はしだいに減少するようになります。特に、微細粒子の分散系の場合や分散粒子と分散媒の密度差が極めて小さい場合には機械的な脱水分離法による駆動力を利用することは極めて困難となります。また、濾材表面上の堆積粒子層がゲル状を呈するようなスラッジや生物処理汚泥などの有機

質系のスラッジなどの場合も著しい難脱水性を示すことが知られています[4)]。

2-3　機械的脱水法に対する電気浸透脱水法の特徴[4)]

前述の機械的脱水法では、図2-3(a)に模式的に示されるように、脱水進行過程において物理的な流体圧力によって濾材面上の湿潤粒子層中の空隙が緻密になって流動抵抗が増すとともに濾材の閉塞現象によって脱水速度はしだいに減少するのに対して、電気浸透脱水法では、図2-3(b)に示すように、濾材面上近傍の空隙率（含水率）はあまり減少せずに、排水面とは反対側（粒子層上部表面近傍）の空隙率が著しい減少傾向を示す特徴を持っており、いわゆる難脱水性スラッジなどに対する有効性が示唆されます。そして、機械的脱水法に比べて脱水速度向上の改善が期待されます。

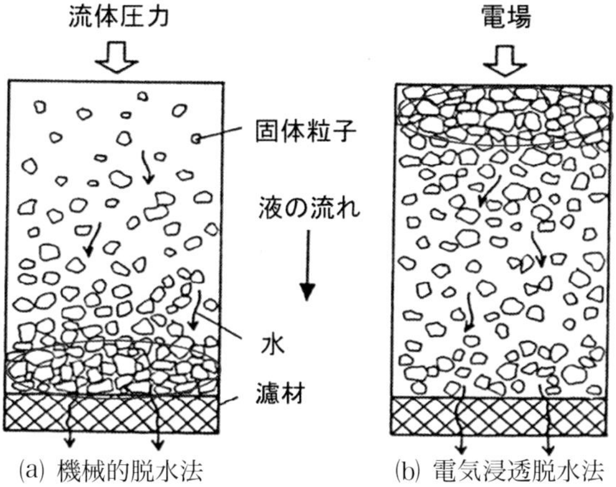

図2-3　脱水進行過程の湿潤粒子層内の空隙率（含水率）変化の比較

なお、第１章1-3節の電気浸透現象の基礎理論、図1-2で触れた毛細管中の電気浸透速度 u を表す Helmholtz-Smoluchowski 式は電気二重層の厚さが毛細管径や孔径に比べて極めて小さいことを前提としていますが、多くの場合に電気浸透脱水機構を理論的に考察する上で一つの基本式とされています[3)]。Helmholtz-Smoluchowski 式は u が毛細管構造、すなわち粒子層中の空隙率の大小には依存しないことを表現していることからも、微細粒子を含む分散系固液混合物に対して電気浸透脱水法は有効であることが示唆されます。

第3章　電気浸透脱水法の特徴と応用

電気浸透脱水技術の歴史的背景と応用分野について概説するとともに、電気浸透脱水法の原理と特徴や問題点について説明します。併せて、本脱水法の適用性の指針についても簡単に解説します。

また、研究室規模で一般的に使用されている典型的な電気浸透脱水試験装置と実験方法、およびデータ整理方法等について紹介します。

3-1　歴史的背景と応用分野

界面動電現象の一つである電気浸透現象は電気泳動現象とともに19世紀初頭にF. F. Reuss[14]が図3-1に示すような実験[15]によって発見し、その後19世紀半ばから20世紀前半に至るまでの間にほぼ界面動電現象に関する理論的研究が多くの研究者によって発展、確立されるとともに、電気二重層モデルに基づく電気浸透現象の理論的研究から毛細管中の電気浸透速度に関するHelmholtz-Smoluchowski理論が一般に用いられるようになりました[2, 16, 17]。なお、Reussの実験において電気浸透脱水法が示唆されることは明らかです。また、表3-1に示すように、電気浸透脱水に関しては先駆的基礎研究として駒形の研究が理論的に行われています[18]。その後、主に1960年代から国内外において界面動電現象を沈降濃縮や濾過などの固液分離操作に応用する基礎研究が行われ始めるとともに、1970年代以降には電気浸透脱水についての工学的基礎研究が行われるようになって電気浸透脱水法の有用性が理論的および実験的に明らかにされるようになりました[4]。そして、1990年代以降、厳密な電気浸透脱水理論の展開が進んでその基礎的理論が確立されてきました[10, 19〜21]。

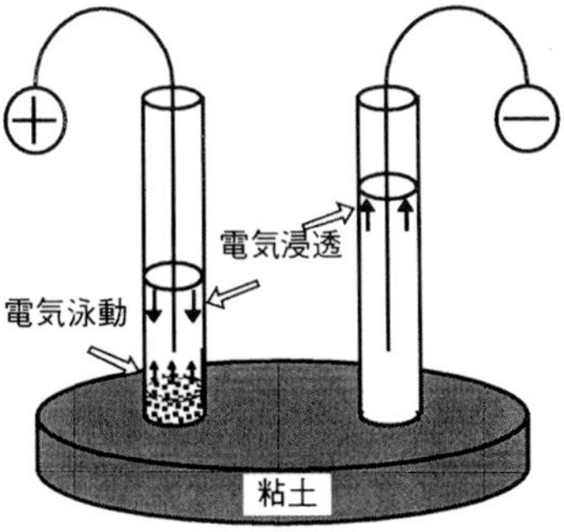

図3-1　Reussの実験（1809年）[15]

表3-1　電気浸透脱水法の実用化・工業化の主な研究の経緯

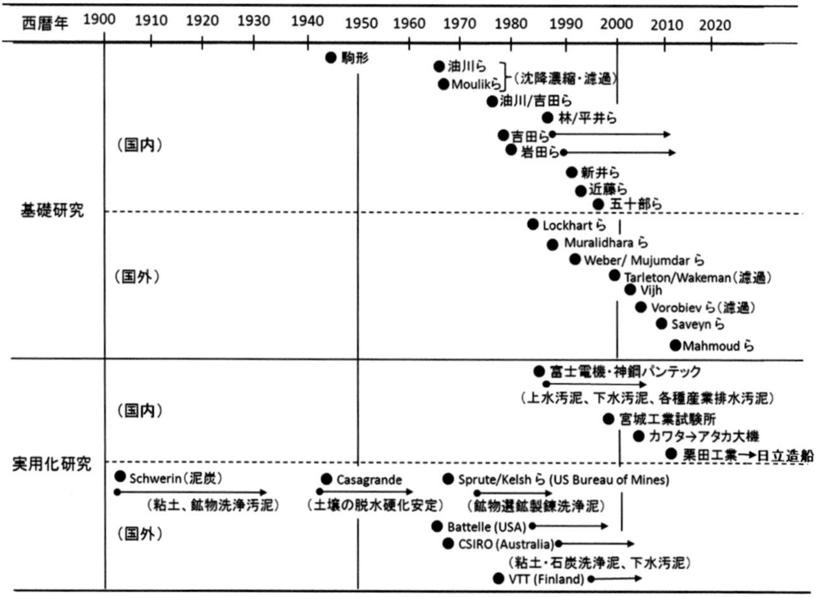

一方、電気泳動や電気浸透現象を利用した濾過や脱水プロセスの主な工業的研究や実用化は、20世紀初頭にドイツ（当時はプロシア）のC. B. Schwerinが電気浸透現象を泥炭の工業的脱水に応用して以来[2,16)]、電気浸透脱水法は機械的方法では脱水分離が困難とされるような粘土スラリーや金属選鉱製錬プロセスで発生する鉱物洗浄汚泥などを対象にして1910～1930年代にかけてドイツや旧チェコスロバキアなどの東欧で実用される[16,22)]とともに、多岐にわたる対象物の脱水にも試みられて実用化の研究が続けられてきました[23～25)]。また、1940年代以降には、土壌の硬化安定のための電気浸透法による排水工法が提案されて利用されています[16,26,27)]。そして第２次世界大戦後においては、1970～1980年代にアメリカ合衆国鉱山局（U. S. Bureau of Mines）において各種鉱物洗浄汚泥を対象に実用化研究が行われ、少数例ではあるが実際に運用されました[16,19,28,29)]。また、1980年代以降オーストラリア連邦科学産業研究機構（CSIRO）では、カオリン粘土、石炭洗浄汚泥、および下水汚泥などの電気浸透脱水についての試験研究が工業的規模で活発に進められてきました[30～35)]。

一方、国内においては、1980年代以降に上下水・廃水処理施設の整備普及によって大量に排出されるようになった難脱水性の下水汚泥や余剰活性汚泥のような微生物処理汚泥の脱水処理に電気浸透法を利用した研究開発が実用化を目指して行われ、特定の対象物や応用分野であるが実用されるようになりました[19,36～38)]。

3-2　電気浸透脱水法の原理および特徴と問題点

電気浸透脱水法は、図3-2に示す微粒子分散系のような固液混合物を二つの電極間に挟んで外部電場（通常は直流〈DC〉電場）を印加したとき、粒子表面が持つ電荷に起因して固－液界面近傍に形成される電気二重層に作用する電気力によって生ずる液本体の移動現象（電気浸透

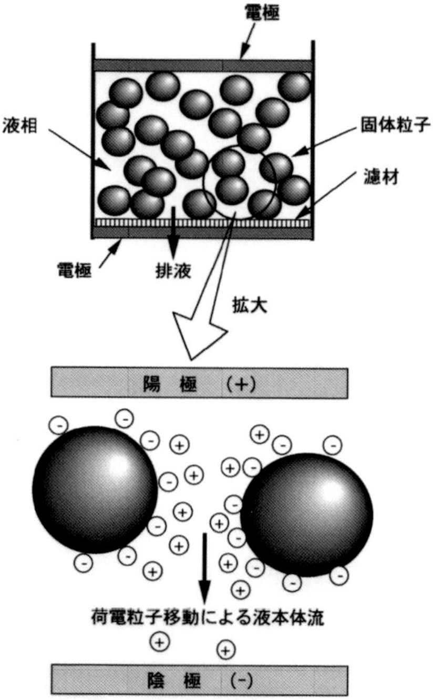

図3-2　湿潤粒子充填層の電気浸透脱水原理

流）を利用した脱水方法です。すなわち、多孔性物質や粒子充填層中の固－液異相接触界面にζ-電位を有し、液が適当な導電性を持つならば電気浸透現象による脱水が可能であり、さまざまな固－液系混合物の脱水操作に応用することができます。

上述のように、電場を利用した電気浸透脱水法は、微粒子分散系の固液混合物において固－液界面に発生する帯電現象に起因した電気力に依存しており、一般に広く利用されている流体圧力や遠心力、圧搾圧力などを利用した機械的操作による脱水方法とは物質移動現象に対する分離駆動力が本質的に異なります。したがって、第２章2-3節の模式図2-3で示されたように、機械的脱水法では脱水進行過程において流体圧力や圧縮圧力などによって濾材面上の堆積粒子層の空隙が緻密になって流動抵抗が増すとともに濾材の閉塞現象が起こって脱水速度はしだいに減少するようになります。一方、電気浸透脱水法では排液面とは反対側上部の空隙率が減少する傾向を示し、濾材面近傍の空隙率はあまり減少しないという特徴を持っており、機械的方法では脱水困難な、いわゆる難脱水性試料に対する有効性が示唆されます。また、電気浸透脱水はHelmholtz-Smoluchowski 理論によれば毛細管構造には依存しないことから、脱水分離が一般に難しい微粒子を含む分散系固液混合物の脱水に有効であるとされています。

以上のようなことを踏まえて、電気浸透脱水法の特徴や問題点を要約すると次のように考えられます[2, 4, 12, 16, 22, 39, 40]。

⑴　一般的な機械的脱水法の場合とは異なり、脱水速度の減少に影響を及ぼす濾材面上近傍の堆積粒子層の流動抵抗の増加は小さく、機械的圧力による濾材の損傷や濾材の目詰まりによる影響も少ない。

⑵　図3-3および図3-4に例示されるように、微粒子分散系のスラッジやゲル状物質、生物処理汚泥のような凝集性スラッジなど、一般に難脱水性と言われる混合物試料に対して有効である[4, 16, 36, 39]。

⑶　図2-3の電気浸透脱水機構に基づいて、通気脱水や圧搾脱水などの機械的脱水法と併用することによって試料層上下両面における含水率の低減が図られ、図3-3に見られるような脱水効率の向上が期待できる。

⑷　図3-4に見られるように、脱水速度や脱水量は電圧や電流によって調整できるので制御操作が比較的容易である。

⑸　電場印加で生ずる電気分解による電極腐食の発生や電極材料の変質による脱水生成物の汚染をもたらす可能性がある。また、

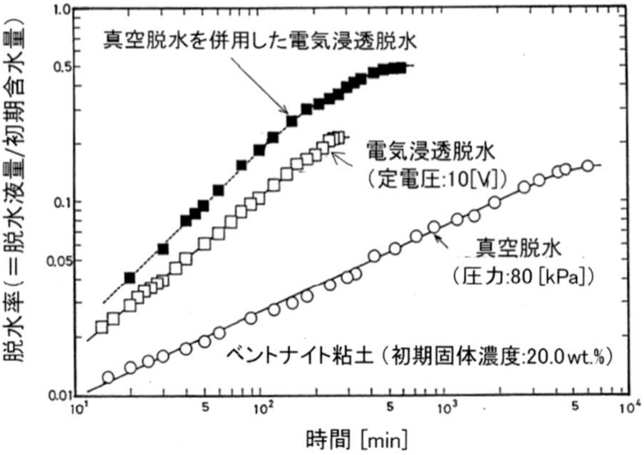

図3-3　ゲル状スラッジの脱水率の経時変化 (電気浸透効果例1)

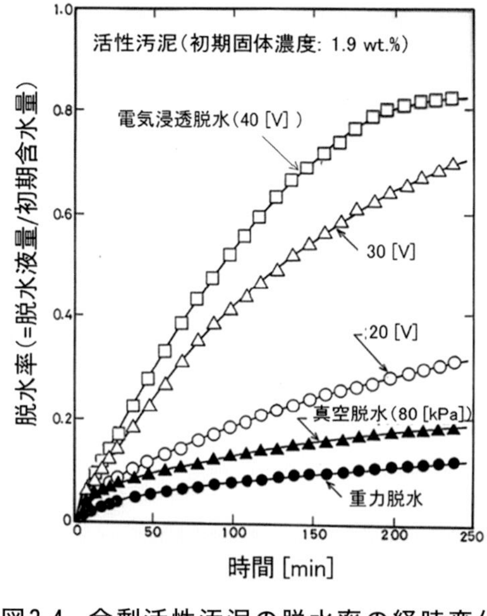

図3-4　余剰活性汚泥の脱水率の経時変化
(電気浸透効果例2)

電気分解による試料中のpH分布の変化によってζ-電位の変化を生ずる場合には粒子の凝集状態や電気浸透流に影響を与える。

(6) 脱水対象試料中の液の導電性が大きい場合にはオーム（Ohm）損によるジュール熱によって試料の変性や消費電力効率が低下する。また、導電性が小さ過ぎる場合には高電圧印加のための電源装置が必要になる。したがって、脱水試料の電気的性質によって適用範囲が限定される嫌いがある。

3-3　電気浸透脱水法の適用性について

電場を利用した沈降濃縮や濾過、および脱水操作を含めた広義の電気的な脱水法の適用性については、一例として、固液混合物の固体濃度と粒子径の関係性において図3-5のような概略図で示されます[41)]。固体濃度が比較的濃厚な固液混合物を対象とする電気浸透脱水法は図中の電気的脱水法（沈降濃縮・濾過・脱水操作）の領域内で濃度が大きい方の範

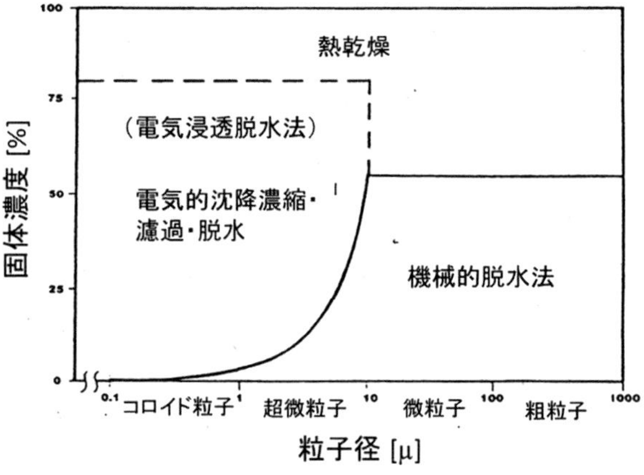

図3-5　電気浸透脱水法の適用性

囲に位置付けられると考えられます。したがって、電気浸透脱水法は機械的脱水法に比べて一般に分離困難な粒子径が小さい領域（約10 μm 以下の超微粒子径からサブミクロン領域のコロイド性粒子を含む範囲）で有効であるとともに、より高固体濃度（低含水率領域）まで脱水が図れることを表しています。

また、熱的乾燥法に対する電気浸透脱水法の場合の消費エネルギーの比較結果については図3-6のように例示されます[42)]。脱水率（水分除去率：初期含水量に対する脱水量の割合）に対する単位脱水量当たりの電力消費量（消費エネルギー）の一つの実験結果例です。炭酸カルシウム（$CaCO_3$）スラッジを用いて直流電場（DC）で定電圧（5 V）の操作条件下で得られた結果です。図より、熱乾燥プロセスにおける蒸発潜熱 *L*v に比べて、最終脱水率（脱水終了時までの全脱水量）に対して必要とされる消費エネルギー量は約5分の1分程度と十分小さいことを表しています。なお、図の実測結果は、電気浸透脱水過程では脱水率に対する消費エネルギーは次項で後述される接触電気抵抗の増大等の影響によって脱水終了時近傍で急増するようになり、定電圧条件では電流が次

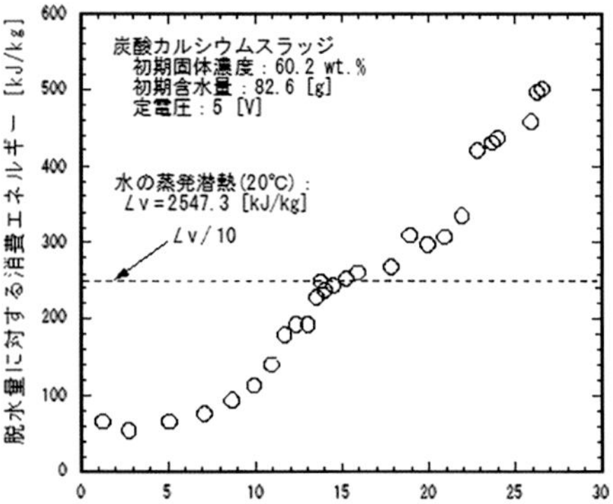

図3-6　熱的乾燥法に対する電気浸透脱水法の消費エネルギーの比較結果例

第に急減して脱水過程が自動的に終了することを示唆しています。

しかしながら、電気浸透脱水法では脱水試料に通電するために少なからず電気分解の発生や電解による試料の pH 変化などの電気化学的変化の影響を受けることになり、電場の印加条件が制限されるとともに、次のように脱水対象試料の電気的性質によって適用方法が限定されます。

既出の Helmholtz-Smoluchowski 式（1-1）に基づくと、式中の電場強度 E は脱水試料の電気伝導度（比電導度）λ（比電気抵抗 ρ_E の逆数)、および試料断面を流れる電流密度 I を用いて次式のように表されます。

$$u=\left(\frac{\zeta D}{4\pi\mu}\right)E=\left(\frac{\zeta D}{4\pi\mu}\right)\frac{I}{\lambda}=\left(\frac{\zeta D}{4\pi\mu}\right)\rho_E I \qquad (3\text{-}1)$$

上式から、ζ-電位の絶対値が大きく、λ が小さい（ρ_E は大きい）ほど E が大きくなり、電気浸透流の液流速 u に及ぼす電場の効果は大きくなることがわかります。したがって、脱水過程においては ζ が大きく、そして λ は小さく（ρ_E は大きく）維持されるか、変化することが望ましいことになります。

以上のことより、電気浸透脱水法を適用するためには、基礎的なデータの一つとして試料粒子の ζ-電位に及ぼす pH 変化の影響についての測定データが必要不可欠になります。また、脱水に伴う含水率 w（あるいは空隙率 ε）の変化に対する比電導度 λ（あるいは比電気抵抗 ρ_E)の変化に関する測定データも重要になります。なお、図2-3(b)に電気浸透脱水過程における湿潤粒子層内の空隙率 ε の変化を模式的に図示しましたが、含水率（w）分布の実測結果が図3-7に例示されるように、電気浸透脱水では含水率 w が粒子層上部で著しく減少するようになることがわかります。図のような w 分布の変化に対して効率の良い電気浸透脱水操作を行うためには、脱水過程において粒子層内の局所的な電場強度 E をできるだけ一様にすることが望ましいことになります。したがって、w と λ（あるいは ρ_E）の関係では、w の変化に対して λ（ある

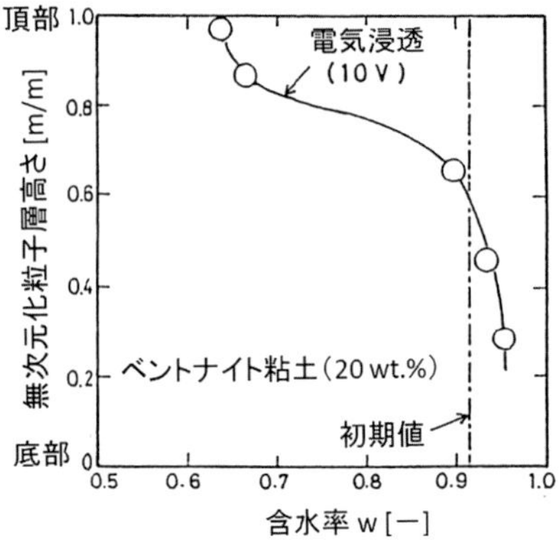

図3-7　電気浸透脱水過程における含水率（w）分布の実測結果例

いはρ_E）があまり変化しない電気的特性を有する試料の方が適当であると言えます。また、脱水に伴うwの減少によって液体の不飽和粒子層が形成されるような場合にはρ_Eが局所的に著しく増加して粒子層全体の電気抵抗が過度に増大するために脱水の進行が阻害されるようになります。このことより、不飽和湿潤粒子層の形成を抑制するためにも微細粒子を適用対象試料とすることが望ましいことになります。

3-4　電気浸透脱水試験法

実験室や研究室で一般に使用されている典型的な回分式の電気浸透脱水試験装置の概要を図3-8に示します。装置本体は絶縁性のアクリル樹脂製円筒で、円筒内の脱水槽に固液混合物の脱水試料を上下２枚の円形濾材（濾紙あるいは濾布でもよい）と、それぞれの濾材の外側に密着して重ねた多孔性白金円板（図中の多孔性上部電極）あるいは円形白金金網（網状下部電極）の電極の間に挟んで充填する簡単な構造の装置です。それから、上下二つの電極間に直流安定化電源を用いて定電圧あるいは定電流条件下で電場を印加することによって試料層内に生ずる電気浸透作用を利用して装置下方に脱水分離します。なお、上下の電極はそれぞれ絶縁性の多孔性支持体に密着して設置されています。

電極材料には電気化学反応による電極の溶解や脱水試料の汚染等の発生を防ぐために、特に陽極側には白金を使用することが望まれますが高価なこともあり、ステンレスや炭素材料、あるいは電気的不活性元素を安価な母材にコーティングした構造による電極材料を利用することもできます。また、多孔性上部電極を内側の別のアクリル樹脂製円筒底部に取り付け、この円筒底部（電極位置近傍の上側）の周囲にＯ－リング（装置写真参照：３段〈黒色線〉）を設置すれば、両円筒間の摩擦接触によって脱水試料層に内側円筒による荷重圧力を加えることができ、上部電極が取り付けられた内側円筒を機械的圧縮用ピストンとして使用できる構造になります。なお、Ｏ－リングを使用する場合はピストンが滑らかに降下するように接触摩擦抵抗をできるだけ小さくするように製作することが必要となります。

実験方法としては、一般的には初めに機械的圧縮用ピストンを使用し

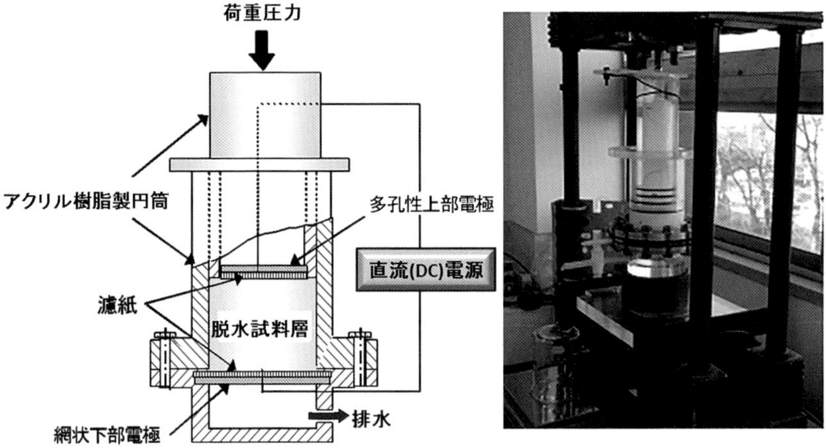

図3-8　回分式電気浸透脱水試験装置の概要

て脱水試料を予め一定荷重圧力下で平衡状態に達するまで圧搾脱水し、含水率の一様な湿潤粒子層を調製します（圧搾脱水平衡実験）。この時、形成された粒子層の電気抵抗などの電気的特性を LCR メーターなどで測定しておきます。次に、内側円筒中には圧搾によって上向きに脱水された液が残っているのでこの円筒内の脱水液を排液し、上下両側からのすべての圧搾脱水液量を測定した後、荷重圧力は維持した状態で装置下方に電気浸透作用によって脱水するように固体粒子の ζ-電位の極性を考慮して上下の電極の正負を決め、定電圧あるいは定電流条件の操作下で直流電場を印加します（電気浸透脱水実験）。そして、電気浸透による脱水量の経時変化をメスシリンダーや電子天秤で測定するとともに、脱水試料層を流れる電流あるいは印加電圧（電極間電圧）、および試料層の厚さの経時変化を測定します。なお、電気浸透脱水では脱水の進行による含水率の減少に伴う脱水試料の比電気抵抗の増加とともに上部電極と試料との接触電気抵抗が増加するために電極間の電気抵抗は最終的には増大することになります。したがって、直流電場の印加方法は通常は定電圧操作下で行います。また、実験終了後には脱水試料の平均含水率や含水率分布を求めるために試料の全量やサンプル試料の湿乾質量の測定を行うとともに、脱水過程の考察のために脱水液の温度や pH、比電導度、および試料層の上下両面の pH 測定などを行います。

ところで、上部電極板を直接脱水試料上表面に直に載せて設置して電場を印加しても電気浸透脱水試験（この場合は上部濾材は不必要）は可能ですが、前述したように、基礎データとして脱水試料の含水率 w（あるいは空隙率 ε）と比電導度 λ（あるいは比電気抵抗 ρ_E）の関係の測定結果が重要になります。そのためには圧縮用ピストンを使用すれば、一定荷重圧力を変えた時の圧搾脱水による平衡状態における含水率が一様な様々な湿潤粒子層が調製でき、含水率の変化に対する電気的性質を調べることができます。また、不飽和湿潤粒子層の形成を抑制するためにも圧縮用ピストンを利用して電気浸透脱水試験をすることが望ましいことになります。

3-5　電気浸透脱水試験データの整理方法

定電圧操作下での測定データ例（表3-2）を用いて基本的なデータ解析を以下で実際に行ってみましょう。

いま、濾材面積（＝電極面積）28.3 cm^2の脱水装置にある粘土粒子（真密度$\rho_p = 2.51$ g/cm^3）の固液混合物試料（スラッジ）200 g（固体濃度40 wt.%）を充填し、予めある一定荷重圧力を加えて平衡状態に達するまで圧搾脱水し、含水率が一様な湿潤粒子層に対して印加電圧20 Vの定電圧操作下で電気浸透脱水試験をしたところ、次表のような時間的変化の測定データが得られました。なお、圧搾脱水量の全量は55.6 g、圧搾平衡状態における脱水試料層の電気抵抗値は270 Ωでした。

表3-2　電気浸透脱水試験の測定データ

脱水時間 t［min］	0	5	10	15	20	30	40	50	60	70
脱水量 Q［g］	0	5.1	10.1	14.8	18.8	24.8	28.3	30.2	31.3	32.0
電流 i［mA］	66	69	71	74	76	81	85	91	93	94
試料厚さ L［cm］	3.41	3.24	3.12	3.04	3.00	2.80	2.70	2.66	2.63	2.61

脱水終了後に試料を取り出して乾燥させたところ、乾燥前後の試料の湿乾質量はそれぞれ114.7 g、79.4 gでした。このとき、電気浸透脱水速度の経時変化、脱水量に対する消費電力効率の経時変化と脱水液全量に対する消費電力効率、不飽和湿潤粒子層の形成についての経時変化、電気浸透度α、平衡状態における含水率w（空隙率ε）に対する比電導度λ（比電気抵抗ρ_E)、および固体粒子のζ-電位を求めてみましょう。ただし、脱水液の密度ρは1.0 g/cm^3、および粘度μは1.0×10^{-3} Pa·sです。

まず、脱水実験開始時の試料層（平衡状態で含水率は均一）における湿

量基準含水率 w、空隙率 ε および試料層厚さ L は次のように求められます。

試料層中の水分量 = 200×0.60−55.6 = 64.4［g］，固体粒子量 = 200×0.40 = 80［g］（実測値：79.4 g）より

w = 64.4/(64.4+80) = 0.446［−］，ε = (64.4/ρ)/((64.4/ρ)+(80/ρ_p))
= 64.4/(64.4+31.9) = 0.669［−］

L = (64.4+31.9)/28.3 = 3.40［cm］（実測値：3.41 cm）

また、電気浸透脱水終了時の w および ε の平均値（厚さ方向の含水率分布有り）は湿乾質量の測定値より、

w = (114.7−79.4)/114.7 = 0.308［−］，ε = 35.3/(35.3+31.9) = 0.525［−］
35.3 = 28.3×L×ε より、L = 2.38［cm］（実測値：2.61 cm）

なお、最終脱水量の実測値32.0 g から最終含水量 = 64.4−32.0 = 32.4［g］

w = 32.4/(32.4+79.4) = 0.290［−］，ε = 32.4/(32.4+31.9) = 0.504［−］
32.4 = 28.3×L×ε より、L = 2.27［cm］（実測値：2.61 cm）

次に、脱水速度や電気浸透度 α を求めるために、Q 対 t のプロットか $\Delta Q/\Delta t$ 対 t のプロットのいずれかを行う必要があります。Q 対 t の関係の曲線上の各時間における接線から $\mathrm{d}Q/\mathrm{d}t$ の値を求めることによって脱水速度は求められますが、図3-9に示すように、両対数方眼紙上に Q 対 t のプロットをすると通常脱水初期においてはほぼ直線関係になりますので容易に初速度（≒1.0 g/min）を近似推定できます。また、$\Delta Q/\Delta t$ 対 t プロットについて整理しますと、表3-2のデータの各時間間隔における平均の脱水速度 $\Delta Q/\Delta t$ の値は表3-3のように表されます。したがって、この場合は半対数方眼紙上に $\Delta Q/\Delta t$ 対 t の関係をプロットすると、

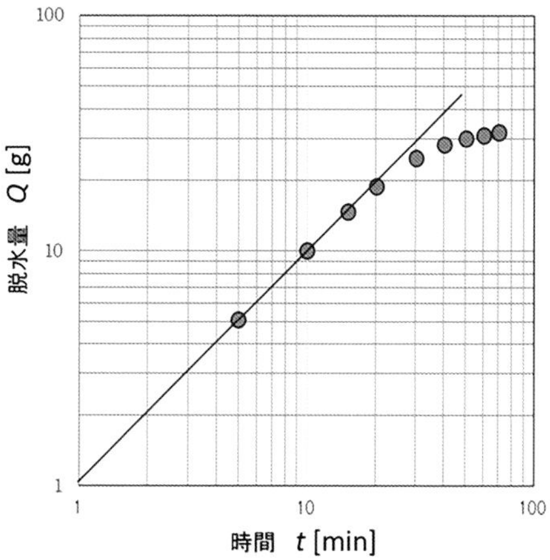

図3-9　Q 対 t の両対数方眼紙プロット

表3-3　脱水時間 t に対する脱水速度（$\Delta Q/\Delta t$）の計算値

脱水時間 t ［min］	2.5	7.5	12.5	17.5	25.0	35.0	45.0	55.0	65.0
脱水速度 $\Delta Q/\Delta t$ ［g/min］	1.02	1.00	0.94	0.80	0.60	0.35	0.19	0.11	0.07

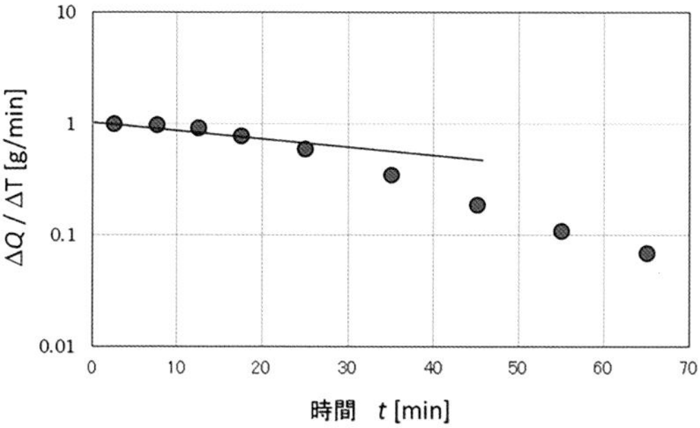

図3-10　$\Delta Q/\Delta t$ 対 t の半対数方眼紙プロット

図3-10に示されるように脱水初期において近似的に直線関係で表されるので $t=0$ の切片値から初速度が約1.03 g/minとして求められます。

電気浸透度 α は（1-5）式で表されましたが、式中の V は印加電圧（電極間電圧）20［V］ではなく粒子層に加わる正味の実効電圧であることに注意することが必要です。この時の実効電圧 V は次のように求められます。

$$V = iR = 0.066\ [\mathrm{A}] \times 270\ [\Omega] = 17.8\ [\mathrm{V}]$$

したがって、以下の諸数値を（1-5）式に代入して α が求められます。

$$Q = 1.03\ [\mathrm{g/min,\ cm^3/min}],\ A = 28.3\ [\mathrm{cm^2}],\ \varepsilon = 0.669,\ L = 3.41\ [\mathrm{cm}],$$
$$V = 17.8\ [\mathrm{V}]$$
$$\alpha = 1.74 \times 10^{-8}\ [\mathrm{m^2/(V \cdot s)}]$$

また、含水率 $w = 0.446\ [-]$（$\varepsilon = 0.669\ [-]$）に対する比電導度 λ あるいは比電気抵抗 ρ_E は次式から求まります。

$$R = \rho_E (L/A) = (1/\lambda) \cdot (L/A)$$
$$\rho_E = 22.4\ [\Omega \cdot \mathrm{m}],\ \lambda = 4.46 \times 10^{-2}\ [(1/\Omega)/\mathrm{m,\ S/m}]$$

上記の計算方法によって w（あるいは ε）に対する ρ_E（あるいは λ）の値が求まりますので、前述の脱水試験装置において一定荷重圧力を変えて様々な平衡状態を形成して含水率を変化させたときのそれぞれの湿潤粒子層の電気抵抗値 R を測定することにより、w（あるいは ε）と ρ_E（あるいは λ）との関係の基礎データが得られることになります。

因みに、前記のように α が求められると、（1-1）式および（1-5）式より ζ-電位の値が次式を用いることによって求めることができます。

$$\zeta = 4\pi\mu\alpha/D$$

ここで、真空の誘電率＝8.854×10^{-12}［F/m］と温度20℃における水の比誘電率＝80.36［－］から水の誘電率 D が次のように与えられ、ζ 値は以下のように求められます。

$$D = 80.36\times(8.854\times10^{-12}) = 7.11\times10^{-10}\ [\mathrm{F/m}]$$
$$\zeta = 4\pi\times(1.0\times10^{-3})\times(1.74\times10^{-8})/(7.11\times10^{-10}) = 0.307\ [\mathrm{V}] = 307\ [\mathrm{mV}]$$

粘土粒子は一般に負のζ-電位の極性を持つので $\zeta = -307$［mV］となります。しかしながら、第１章1-1節で説明したように、ζ-電位は一般に10～100 mV 程度の電位差（表1-1）として知られていますので、求められたζ-電位の値は大き過ぎることになります。これは、圧搾脱水後の濃厚固液混合物の粒子充填層のような場合には図1-3(b)に示されるような電位分布になると推察され、Helmholtz-Smoluchowski 理論による電気浸透速度式を適用することは不合理であり、電気浸透脱水試験法に基づく測定データを用いて（1-1）式からζ-電位を算出することは適切であるとは言えません。ただし、最初に調製する固液混合物試料に対して機械的圧縮用ピストンによる圧搾脱水は行わずに電気浸透脱水試験をして電気浸透度 α を測定し、ζ-電位を同様に算出すればより正確に近い値が得られることも考えられますが、ζ-電位の値は専用の測定装置を使用して求めることが推奨されます。

電気浸透脱水法では脱水分離の駆動力に電場を利用するので消費電力を考慮することが必要であり、経済的評価に重要なことになります。したがって、次は消費電力 W の計算をして脱水液量 Q に対する消費電力効率 Q/W について整理します。

W は次式で計算されます。

$$W=\int_0^t Vi\mathrm{d}t=V\int_0^t i\mathrm{d}t=V\sum\left\{\left(\frac{i_{t1}+i_{t2}}{2}\right)\Delta t\right\}=V\sum(i_{\mathrm{av}}\Delta t) \qquad (3\text{-}2)$$

上式においては定電圧操作であるので印加電圧 V は積分項において定数扱いしています。また、Δt は微小時間を表し、各 Δt 時間間隔における最初の時間を t_1、最後の時間を t_2 とし、それぞれの時間における電流値が i_{t1} および i_{t2} です。また、i_{av} は各 Δt 時間における電流の算術平均値を表しています。したがって、$Vi_{\mathrm{av}}\Delta t$ は Δt 時間における消費電力 ΔW を表し、その積算合計が W になります。したがって、表3-2の測定データから次表のように整理できます。

表3-4　Δt に対する ΔW と W の計算結果

Δt [min]	5	5	5	5	10	10	10	10	10
i_{av} [mA]	67.5	70.0	72.5	75.0	78.5	83.0	88.0	92.0	93.5
ΔW [J]	405	420	435	450	942	996	1056	1104	1122
W [J]	405	825	1260	1710	2652	3648	4704	5808	6930

また、$\Delta Q/\Delta W$ および Q/W の計算結果は次のように整理できます。

表3-5　$\Delta Q/\Delta W$ および Q/W の計算結果

t [min]	5	10	15	20	30	40	50	60	70
ΔQ [g]	5.1	5.0	4.7	4.0	6.0	3.5	1.9	1.1	0.7
ΔW [J]	405	420	435	450	942	996	1056	1104	1122
$\Delta Q/\Delta W$ [kg/J]	1.26×10^{-5}	1.19×10^{-5}	1.08×10^{-5}	8.89×10^{-6}	6.37×10^{-6}	3.51×10^{-6}	1.80×10^{-6}	9.96×10^{-7}	6.24×10^{-7}
Q/W [kg/J]	1.26×10^{-5}	1.22×10^{-5}	1.17×10^{-5}	1.10×10^{-5}	9.35×10^{-6}	7.76×10^{-6}	6.42×10^{-6}	5.39×10^{-6}	4.62×10^{-6}

表3-5より、脱水量に対する消費電力効率 Q/W の経時変化は図3-11のように示され、脱水時間の経過とともに減少していくことがわかります。この理由は以下で説明するように、脱水の進行に伴う比電気抵抗 ρ_E の増大によって試料層全体の電気抵抗 R が増加するとともに不飽和湿潤粒子層が形成されることに起因していると推察されます。

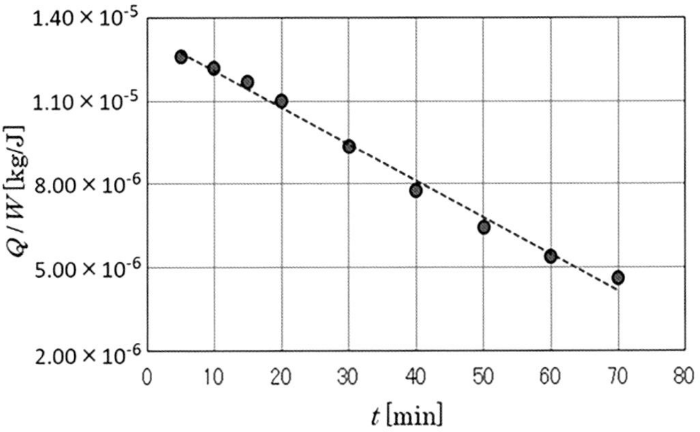

図3-11　脱水液量に対する消費電力効率 Q/W の経時変化

表3-2の Q の測定データから次式によって試料厚さ L の計算値 L_{cal} が表3-6のように求められます。

$$L_{cal} = 3.41 - Q/(A\rho)$$

表3-6　試料厚さ L の実測値 L_{obs} と計算値 L_{cal} の比較結果

t [min]	0	5	10	15	20	30	40	50	60	70
Q [g]	0	5.1	10.1	14.8	18.8	24.8	28.3	30.2	31.3	32.0
L_{obs} [cm]	3.41	3.24	3.12	3.04	2.95	2.80	2.70	2.66	2.63	2.61
L_{cal} [cm]	3.41	3.23	3.05	2.89	2.75	2.53	2.41	2.34	2.30	2.28

これより、L の経時変化について実測値 L_{obs} と計算値 L_{cal} を比較すると図3-12のように示されます。図中のプロットが L_{obs}、破線が L_{cal} の結果です。図より、時間の経過に伴う L_{obs} の減少は L_{cal} に比べて小さいことがわかります。このことは、脱水量に相当する分だけ試料層の厚さが減少しないことを意味します。すなわち、脱水初期には液体で飽和状態だった湿潤粒子層は脱水の経過とともに不飽和状態に変化していくことを示唆しています。この不飽和湿潤粒子層の形成は一層 ρ_E を増大するとともに上部電極と試料層間の接触電気抵抗も著しく増大することになります。したがって、図3-11に示されたように、脱水作用に寄与しない消費電力 W の損失によって Q/W が時間の経過とともに減少するようになるものと推察されます。

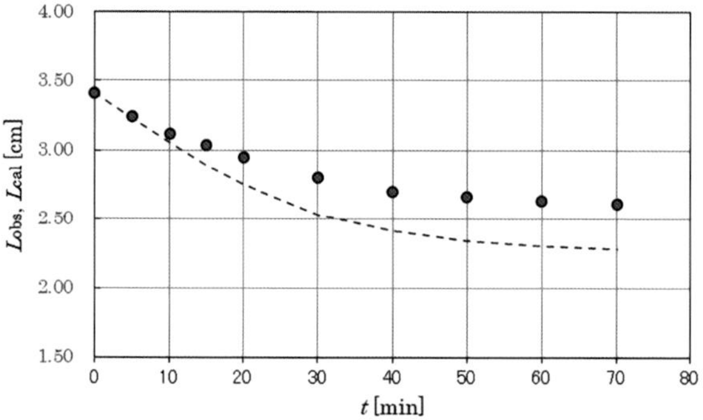

図3-12　試料層厚さ L の経時変化における実測値 L_{obs} と計算値 L_{cal} の比較

第4章　電気浸透脱水プロセスの設計操作理論

電気浸透脱水プロセスの簡単なモデル化による基礎的な設計操作理論について解説し、電気浸透脱水過程の理論的な近似計算方法について説明するとともに、実験データに基づいて脱水過程の簡便な理論的評価を行えるようにしました。また、より厳密で詳細な解析方法による設計操作理論を加えて記述してありますので、理論的評価の必要性に応じて併せて活用してもらうことができます。

4-1　電気浸透脱水機構の理論的考察について

前述したように、国内外を通じて電気浸透脱水について初めて理論的に考察したのは駒形の研究[2,18]（表3-1）のようです。駒形は湿潤粒子層内の空隙を毛細管構造と見倣した毛細管モデルを用いて理論的解析を行い、毛細管径には依存せずに微細な毛細管構造を有する場合、すなわち一般に脱水困難な場合に有効であるという電気浸透脱水法の特徴を明確にしました。しかし、湿潤粒子層に対しては毛細管モデルを適用するより、含水率あるいは空隙率を用いる方が実用的です。また、湿潤粒子層は脱水の進行に伴い含水率が減少することによって粒子層の厚さが縮小する圧縮性粒子層と考えた方が適切です[43]。したがって、毛細管モデルによる駒形の解析結果は実際に対象とする圧縮性湿潤粒子層の脱水過程に適用するには十分な解析方法であるとは言えません。

以上のことから、圧縮性の湿潤粒子層内の含水率変化、および不飽和粒子層が形成されるときには空隙率変化を考慮した電気浸透脱水プロセスの設計操作に関する理論的側面からの評価方法が重要になります。したがって、以下では、圧縮性湿潤粒子層の簡単なモデル化による簡便な理論的近似解析方法や、より厳密な解析法による理論的評価方法に基づいて装置の設計操作に関係する電気浸透脱水式について解説します。

4-2 圧縮性湿潤粒子層の電気浸透脱水プロセスの解析方法

4-2-1 二層分離脱水モデルによる簡便な近似解析法 [4,44,45]

電気浸透脱水法は一般的には直流電場（DC）を定電流（CC）あるいは定電圧（CV）の操作条件下で実施されるので、その脱水過程はCCおよびCVの条件に大別して取り扱い、各操作条件による脱水機構を明らかにすることが必要となります。

図4-1は、脱水過程の圧縮性湿潤粒子層内を脱水進行層（I）と脱水終了層（II）の二層から成るとした簡単な二層分離脱水モデルで、液が電気浸透速度 u_E で矢印方向に移動して脱水し、脱水時間 t の経過につれてI層およびII層がそれぞれ形成されると仮定しています。各層の E_1, E_2、λ_1, λ_2、$\varepsilon_{w1}, \varepsilon_{w2}$、$\varepsilon_{a1}, \varepsilon_{a2}$ は、それぞれ電場強度、比電導度、体積基準の含水率、および不飽和湿潤粒子層を表す空隙率です。なお、脱水初期の湿潤粒子層が液で飽和状態であれば $\varepsilon_{a1} = 0$ になります。また、電極間の印加電圧 V_a、粒子層の高さ（厚さ）は初高 H_i から t 時間後には H_t に減少し、粒子層全体に加わる正味の電圧が実効電圧 V_s です。CV条件では V_a は一定、CC条件では液の流れ方向に直角な粒子層断面（断面積 A）を流れる電流密度 I は一定です。

(1) 定電流（CC）操作の場合の電気浸透脱水過程 [44]

図4-1における脱水進行層（I）の電気浸透速度 u_E および電場強度 E_1 は、Helmholtz-Smoluchowski 式に基づく（1-4）式と Ohm の法則からそれぞれ次式のように表されます。

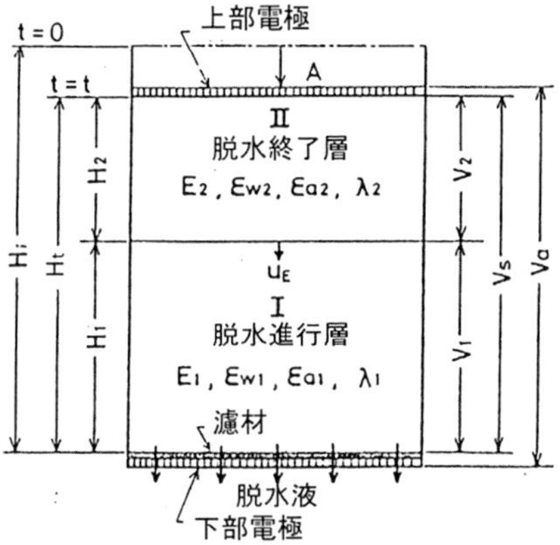

図4-1　電気浸透脱水過程における圧縮性湿潤粒子層の二層分離脱水モデル

$$u_E = \alpha E_1, \quad E_1 = \frac{I}{\lambda_1} = \frac{V_1}{H_1} \tag{4-1}$$

電気浸透流れの見掛けの線速度 q_E（$= \varepsilon_{w1} u_E$）を用いて電気浸透脱水量 Q_E は次式のように表されます。

$$Q_E = A\int_0^t q_E \mathrm{d}t = A\varepsilon_{w1}\int_0^t u_E \mathrm{d}t = A\varepsilon_{w1}\alpha\int_0^t E_1 \mathrm{d}t \tag{4-2}$$

ここで、I が一定の CC 条件では（4-1）式から E_1 は定数として扱えるので Q_E と t の関係は次式で与えられ、Q_E は t と直線関係になります。

$$Q_E = A\varepsilon_{w1}\alpha(I/\lambda_1)\,t \tag{4-3}$$

次に、電気浸透脱水法を用いるときの経済的評価に必要とされる電力消費量 W について考えます。図4-1において脱水は下方へ押し出し流れになると仮定して粒子層内の液体と固体の物質収支を取ると次式のようになります。

$$
\begin{aligned}
&\text{液体：}AH_1\varepsilon_{\mathrm{w1}}+AH_2\varepsilon_{\mathrm{w2}}+A\varepsilon_{\mathrm{w1}}\int_0^t u_{\mathrm{E}}\mathrm{d}t = AH_{\mathrm{i}}\varepsilon_{\mathrm{w1}} \\
&\text{固体：}A(H_{\mathrm{i}}-H_1)\{1-(\varepsilon_{\mathrm{w1}}+\varepsilon_{\mathrm{a1}})\} = AH_2\{1-(\varepsilon_{\mathrm{w2}}+\varepsilon_{\mathrm{a2}})\}
\end{aligned}
\tag{4-4}
$$

上式から H_1, H_2 を求め、t 時間後の H_t に加わる電圧 V_{s} を表す次式に代入すると（4-6）式が得られます。

$$V_{\mathrm{s}} = V_1+V_2 = E_1H_1+E_2H_2 = I(H_1/\lambda_1+H_2/\lambda_2) \tag{4-5}$$

$$V_{\mathrm{s}} = \frac{I}{\lambda_1}\left[\left\{\frac{\varepsilon_{\mathrm{w1}}}{\varepsilon_{\mathrm{w1}}(1-\varepsilon_{a2})-\varepsilon_{\mathrm{w2}}(1-\varepsilon_{a1})}\right\}\left\{\frac{1-(\varepsilon_{\mathrm{w1}}+\varepsilon_{a1})}{\lambda_2}-\frac{1-(\varepsilon_{\mathrm{w2}}+\varepsilon_{a2})}{\lambda_1}\right\}\alpha It+H_{\mathrm{i}}\right] \tag{4-6}$$

したがって、近似的に $V_{\mathrm{s}} \fallingdotseq V_a$ とし、不飽和湿潤粒子層を想定した ε_{a1}, ε_{a2} が $\varepsilon_{\mathrm{w1}}$, $\varepsilon_{\mathrm{w2}}$ に比べて極めて小さければ無視することができ、消費電力 W は次式（4-7）より（4-8）式で与えられます。

$$W = \int_0^t AIV_a\mathrm{d}t \fallingdotseq AI\int_0^t V_{\mathrm{s}}\mathrm{d}t \tag{4-7}$$

$$W = \frac{AI^2}{\lambda_1}\left\{\frac{\varepsilon_{\mathrm{w1}}}{\varepsilon_{\mathrm{w1}}-\varepsilon_{\mathrm{w2}}}\left(\frac{1-\varepsilon_{\mathrm{w1}}}{\lambda_2}-\frac{1-\varepsilon_{\mathrm{w2}}}{\lambda_1}\right)\frac{\alpha I}{2}t^2+H_{\mathrm{i}}t\right\} \tag{4-8}$$

以上のことから、装置設計に必要とされる脱水液量に対する消費電力効率 Q_{E}/W は（4-3）式、（4-8）式から近似的に次式のように表されます。

$$\frac{Q_{\mathrm{E}}}{W} = \frac{1}{\left\{\dfrac{1}{\varepsilon_{\mathrm{w1}}-\varepsilon_{\mathrm{w2}}}\left(\dfrac{1-\varepsilon_{\mathrm{w1}}}{\lambda_2}-\dfrac{1-\varepsilon_{\mathrm{w2}}}{\lambda_1}\right)\dfrac{I^2}{2}t+\dfrac{H_{\mathrm{i}}I}{\varepsilon_{\mathrm{w1}}\alpha}\right\}} \tag{4-9}$$

上式は、I が大きくなるにつれて Q_{E}/W が減少することを示唆しており、CC 操作の場合に考慮しなければならない大切なことになります。

また、脱水終了時間 t_e は、終了時における粒子層全体の含水率が ε_{w2} と想定したときの液体と固体の物質収支式から近似的に次式で与えられます。

$$t_e = \left\{1 - \frac{1-\varepsilon_{w1}}{1-\varepsilon_{w2}}\left(\frac{\varepsilon_{w2}}{\varepsilon_{w1}}\right)\frac{\lambda_1 H_i}{\alpha I}\right\} \tag{4-10}$$

図4-2は、製紙用白色粘土スラッジを用いたときの Q_E と t の関係について実測値と（4-2）式による計算値の比較結果です。本実験データは、機械的圧縮による圧搾脱水操作を用いる湿潤粒子層の含水率調整は行わずに、スラッジの初期固体粒子濃度が重力沈降による最大圧縮濃度程度の実験試料（固体初濃度60 wt.%）を使用して得られた結果です。したがって、実測される脱水量は重力による自然脱水量が含まれるため、Q_E の実測値は重力脱水量分を減じて求めた補正値です。I をパラメータとして示した比較結果から、CC 条件の場合の Q_E と t の関係は両対数方眼紙上で脱水終了時近傍を除いてほぼ45度の傾きの直線関係で示され、（4-2）式による実線の各計算結果はそれぞれ実験結果とよく一致しています。

なお、（4-10）式による脱水終了時間 t_e について求めると、一例として図中の $I = 1.573\ \mathrm{mA/cm^2}$ の場合の計算結果は $t_e \fallingdotseq 113\ \mathrm{min}$ であり、計算値は実験結果に対してほぼ妥当な値を示していることがわかります。

図4-3は、水酸化マグネシウムスラッジ（固体初濃度50 wt.%）を用いたときに得られる W と t の関係の実測値と（4-8）式による計算値との比較結果です。（4-8）式は W が t の２次式となることを表しており、実験結果もほぼ同様の傾向を示し、実線の計算値とほぼ良好な一致を示しています。

ここで、（4-8）式および（4-10）式の計算に必要とされる ε_{w2}、λ_2 の値は以下のように考えて求めることができます。

湿潤粒子層の含水率が小さくなると一般に比電気抵抗は大きくなることから、図4-1において層全体が ε_{w1} から ε_{w2} に減少変化したとき、CC条件では印加電圧 V_a が急増するようになって電場強度が著しく増大する二次的な脱水過程に移行するようになります。この二次的脱水過程では脱水量が再び増加する現象が見られます。このことから、一次的な脱水過程が終了したと見做せる時点での層全体の含水率を近似的に ε_{w2} として算出し、H_t および V_a の実測値から（4-1）式を用いて λ_2 を算出します。

⑵ 定電圧（CV）操作の場合の電気浸透脱水過程[45)]

CV 条件では $V_s \fallingdotseq V_a$ とすれば、（4-5）式および次式（4-11）より E_1 は（4-12）式で表されます。

$$I = \lambda_1 E_1 = \lambda_2 E_2 \tag{4-11}$$

$$E_1 = \frac{V_1}{H_1} = \frac{V_a}{H_1 + (\lambda_1/\lambda_2)H_2} \tag{4-12}$$

物質収支式（4-4）から H_1, H_2 が求められるので（4-2）式に E_1 を代入し、CC 条件のときと同様に $\varepsilon_{a1}, \varepsilon_{a2}$ を無視すれば、CV 条件における Q_E と t の関係は近似的に次式のように与えられ、Q_E は t の無理関数で表されます。

$$Q_E = \frac{A(\varepsilon_{w1} - \varepsilon_{w2})}{\dfrac{\lambda_1}{\lambda_2}(1-\varepsilon_{w1}) - (1-\varepsilon_{w2})} \left[\sqrt{2\alpha V_a \left(\frac{\varepsilon_{w1}}{\varepsilon_{w1} - \varepsilon_{w2}} \right) \left\{ \frac{\lambda_1}{\lambda_2}(1-\varepsilon_{w1}) - (1-\varepsilon_{w2}) \right\} t + H_i^2} - H_i \right] \tag{4-13}$$

また、CV 条件下での I の経時変化は（4-11）式から求まり、W と t の関係は Q_E を表す上式と同様に t の無理関数として次式のように表さ

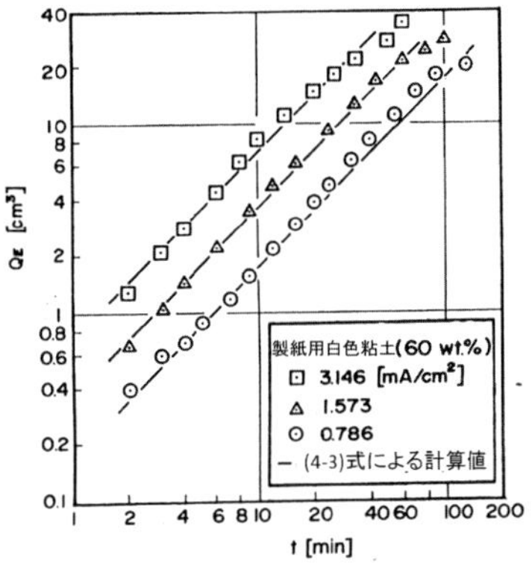

図4-2　CC 条件における Q_E と t の関係例

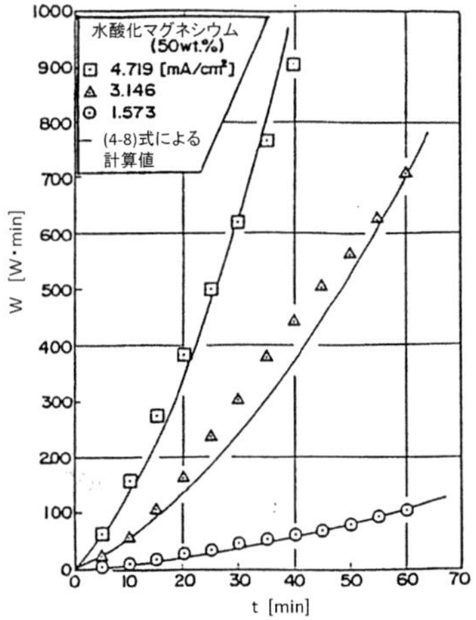

図4-3　CC 条件における W と t の関係例

れます。

$$W = AV_a \int_0^t I\mathrm{d}t$$

$$= \frac{A\lambda_1 V_a(\varepsilon_{w1}-\varepsilon_{w2})}{\alpha\varepsilon_{w1}\left\{\frac{\lambda_1}{\lambda_2}(1-\varepsilon_{w1})-(1-\varepsilon_{w2})\right\}}\left[\sqrt{2\alpha V_a\left(\frac{\varepsilon_{w1}}{\varepsilon_{w1}-\varepsilon_{w2}}\right)\left\{\frac{\lambda_1}{\lambda_2}(1-\varepsilon_{w1})-(1-\varepsilon_{w2})\right\}t+H_i^2}-H_i\right] \tag{4-14}$$

したがって、装置設計の指針となる消費電力効率 Q_E/W は次式のようになります。

$$Q_E/W = (\alpha\varepsilon_{w1}/\lambda_1 V_a) \tag{4-15}$$

上式より、α, ε_{w1}, および λ_1 は脱水試料が決まれば定数となるので、CV 操作下では Q_E と W の関係は V_a をパラメータとして直線関係になり、V_a が大きくなるほど Q_E/W は小さくなることが示唆されます。すなわち、印加電場強度を大きくすると消費電力効率は低減し、CC 操作の場合と同様に CV 操作でもこのことに留意する必要があります。

また、CV 条件における t_e は CC 条件の場合と同様にして求められ、近似的に次式のように表されます。

$$t_e = \frac{\varepsilon_{w1}-\varepsilon_{w2}}{2\varepsilon_{w1}(1-\varepsilon_{w2})}\left\{\frac{\lambda_1(1-\varepsilon_{w1})}{\lambda_2(1-\varepsilon_{w2})}+1\right\}\frac{H_i^2}{\alpha V_a} \tag{4-16}$$

図4-4は、製紙用白色粘土スラッジ（55.3 wt.%）および活性汚泥（1.9 wt.%）の場合の Q_E と t の関係について実測値と（4-13）式による計算値を比較した結果で、各実験試料に対してそれぞれ V_a をパラメータとして示しています。実線の計算値は CC 条件の場合と同様に脱水終了とほぼ見做せる時点での I や H_t などの測定値から算出される ε_{w2} および λ_2 値を用いて求めた結果です。両実験試料において計算結果は脱水

終了時近傍を除いて実測値とほぼよく一致しています。

なお、図中の ε_{wi}、H_i はそれぞれ調製湿潤粒子層の初期含水率および初高です。

消費電力効率 Q_E/W に関して、実験試料に製紙用白色粘土、ベントナイト粘土および水酸化マグネシウムスラッジを使用し、各試料の Q_E と

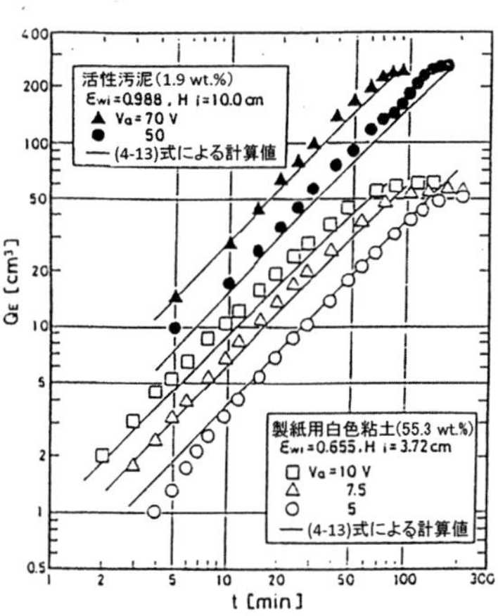

図4-4　CV条件における Q_E と t の関係例

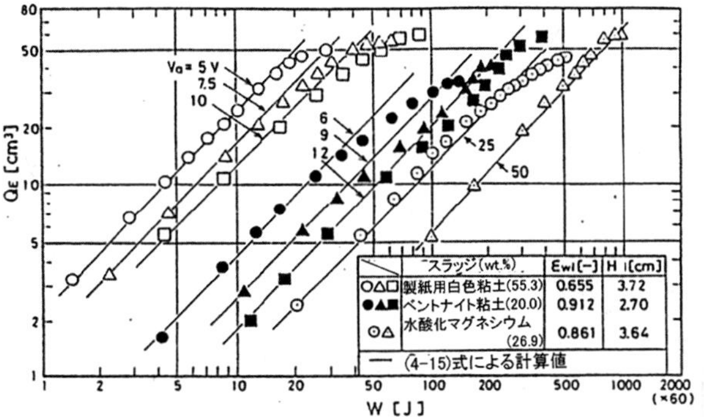

図4-5　CV条件における W と t の関係例

Wの関係についてV_aをパラメータとして実測値と（4-15）式による計算値を比較整理した結果が図4-5です。Q_EとWの関係の計算結果は図4-5中の実線で示されるようにV_aをパラメータとして直線関係になり、Q_E/WはV_aが大きいほど減少し、実験結果も脱水終了時近傍を除けば同様の傾向を示すとともに実測値と計算値はほぼ一致していることがわかります。

以上のように、二層分離脱水モデルを用いて理論的に導かれる電気浸透脱水過程に関する諸式は実験データに基づいて近似的に計算されることができ、諸式の計算結果はその妥当性が実験的にほぼ確認され、電気浸透脱水装置の設計操作に対する理論的解析方法として簡便に応用することができます。

4-2-2　含水率分布および電位差分布を考慮した解析方法[4, 46〜48)]

前項の二層分離脱水モデルでは脱水過程の粒子層内の含水率分布を無視して得られる電気浸透脱水式について解説しましたが、（4-1）式で表されるように、電気浸透速度は電場強度に比例するので含水率は電位差勾配に依存して変化すると考えられます。また、含水率の変化は比電気抵抗の変化を伴うために、電気浸透脱水過程の含水率変化は電位差勾配（電場強度）の変化と相互依存性があり、湿潤粒子層内の含水率分布が経時変化するとともに電位差分布も同時に変化し、両者が相互に影響し合って脱水が進行すると考えられます。これより、図3-7に示したように、実際には脱水に伴って層内には含水率（w）分布を生じ、そのw-分布は図4-6に示すような電位差分布と密接に関連し合って脱水が進行するようになります。したがって本項では、電気浸透脱水過程をより明確にするために、前項と同様にCCおよびCVの二つの操作条件に大別し、w-分布および電位差分布の経時変化を考慮した理論的解析法に基づき、各操作条件における脱水過程の推定方法について解説します。

第1章で述べたように、脱水に伴って湿潤粒子層の厚さは減少するの

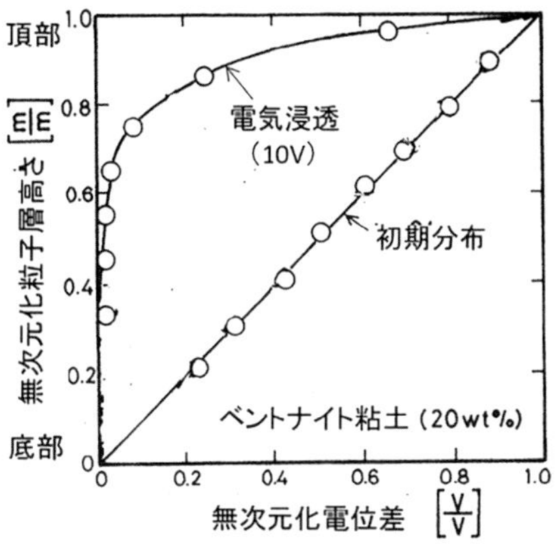

図4-6　電位差分布の実測結果例

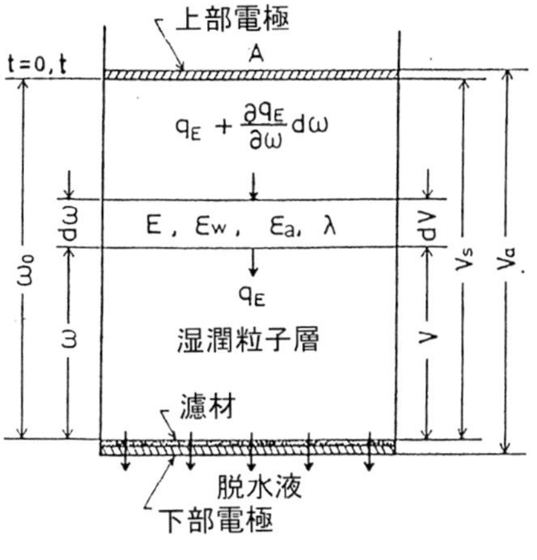

図4-7　ω-座標を用いた電気浸透
脱水過程の湿潤粒子層

で、層の高さを表す変数として単位面積当たりの濾材面上に堆積する固体質量（体積でもよい）ωを用いて粒子層を模式的に表すと図4-7のように示されます。図より、粒子層上表面の座標、すなわち単位面積当たりの全固体質量 ω_0 は時間 t に依らずに一定となって定数扱いができ、理論解析するのに都合が良くなります。したがって、以下では ω-座標を用いて脱水プロセスの理論的解析方法についての説明をします。

湿潤粒子層中の微小薄層 $\mathrm{d}\omega$ における電場強度 E は Ohm の法則から次式のように表されます。

$$E = \rho_\mathrm{p}(1-\varepsilon)\frac{\mathrm{d}V}{\mathrm{d}\omega} = \frac{I}{\lambda} \tag{4-17}$$

ここに、$\mathrm{d}V$ は $\mathrm{d}\omega$ における電位差、I は層断面を流れる電流密度、ρ_p は固体粒子の密度です。また、図4-1で示されたように、λ は $\mathrm{d}\omega$ 部分の等価比電導度であり、ε は $\mathrm{d}w$ 部分における粒子層単位体積当たりの液体（水）の体積分率 ε_w と空隙部分（不飽和粒子層の場合）の体積分率 ε_a を用いて次式で表されます。

$$\varepsilon = \varepsilon_\mathrm{w}+\varepsilon_a \tag{4-18}$$

したがって、脱水過程で粒子層内が液でほぼ飽和状態が維持されていれば $\varepsilon_a \fallingdotseq 0$ であり、(4-17) 式は $\varepsilon \fallingdotseq \varepsilon_\mathrm{w}$ として考えることができます。

湿潤粒子層の断面積を A とすれば、$\mathrm{d}\omega$ 部分中の含水量 v_w は次式で与えられます。

$$v_\mathrm{w} = A\varepsilon_\mathrm{w}\mathrm{d}\omega/\{\rho_\mathrm{p}(1-\varepsilon)\} \tag{4-19}$$

これより、位置ωにおける電気浸透流れの見掛けの線速度 q_E は CC 条件の場合は次式（4-20）のように表され、微小時間 $\mathrm{d}t$ における $\mathrm{d}w$ 部分の液体の物質収支式は v_w および q_E を用いて（4-21）式で表されます。

$$q_E = \varepsilon_w u_E = \varepsilon_w \alpha I/\lambda \tag{4-20}$$

$$A\left(q_E + \frac{\partial q_E}{\partial \omega}\mathrm{d}\omega\right)\mathrm{d}t - Aq_E\mathrm{d}t = -\frac{\partial v_w}{\partial t}\mathrm{d}t \tag{4-21}$$

ここで、次式で定義される含水比 e_w を用いると、(4-21) 式は連続の式 (4-23) のように表されます。

$$e_w = \varepsilon_w/(1-\varepsilon) \tag{4-22}$$

$$\frac{\partial q_E}{\partial \omega} = -\frac{1}{\rho_p}\cdot\frac{\partial e_w}{\partial t} \tag{4-23}$$

e_w については、dw 部分が液で飽和状態であれば前述のように $\varepsilon = \varepsilon_w$ (体積基準の含水率) です。また、λ は ε_w (あるいは ε) と関係付けられるので、e_w が ε_w の関数として表すことができれば、(4-20) 式および (4-22) 式に基づいて (4-23) 式は次のように書き表すことができます。

$$\frac{\partial q_E}{\partial \omega} = -\frac{1}{\rho_p}\left\{\frac{(\mathrm{d}e_w/\mathrm{d}\varepsilon_w)}{(\mathrm{d}q_E/\mathrm{d}\varepsilon_w)}\right\}\frac{\partial q_E}{\partial t}, \quad \frac{\mathrm{d}q_E}{\mathrm{d}\varepsilon_w} \neq 0 \tag{4-24}$$

よって、上式中の $\mathrm{d}e_w/\mathrm{d}\varepsilon_w$ および $\mathrm{d}q_E/\mathrm{d}\varepsilon_w$ が求められると次式のような電気浸透脱水プロセスを表す一つの基礎式が得られます。

$$\frac{\partial q_E}{\partial t} = -\rho_p \alpha I f(\varepsilon_w)\frac{\partial q_E}{\partial \omega} \tag{4-25}$$

ここに、式中の $f(\varepsilon_w)$ は ε_w の関数を表しています。したがって、理論的に導くことが困難な ε と ε_w および λ と ε_w の関係を実験で近似的に得ることによって (4-20) 式および (4-22) 式から関数形 $f(\varepsilon_w)$ を求めれば、CC 条件下の電気浸透脱水基礎式 (4-25) は解くことができ、脱水過程の諸量の推定計算ができるようになります。

一方、CV条件ではIはtに関する変数であり、前述のように近似的に$V_s \fallingdotseq V_a$（定数）とすれば、(4-17) 式を$\omega = 0 \sim \omega_0$において積分するとIは次式のように与えられます。

$$I = \frac{\rho_p V_a}{\displaystyle\int_0^{\omega_0} \frac{d\omega}{\lambda(1-\varepsilon)}} = \frac{\rho_p V_a}{\displaystyle\int_0^{\omega_0} \frac{d\omega}{g(\varepsilon_w)}} \tag{4-26}$$

ここで、上式中の$g(\varepsilon_w)$は$f(\varepsilon_w)$と同様にε_wの関数を表し、先にεおよびλがそれぞれ実験的にε_wの関数で表されると仮定しており、$g(\varepsilon_w)$は式中の$\lambda(1-\varepsilon)$をε_wの関数として表したものです。したがって、関数形$g(\varepsilon_w)$を求めて (4-26) 式のIを (4-25) 式に代入することによって、CV条件の場合の脱水過程の推算ができるようになります。

これより、湿潤粒子層の初期含水率ε_{wi}が図4-7のω方向に一様で、粒子層の上表面から層内への液の流入がないとすれば、以下の初期条件および境界条件の下で (4-25) 式を解くことができ、各操作条件における脱水過程のε_w-分布と平均含水率、脱水液量Q_E、粒子層厚さH_t、V_aあるいはI、および消費電力Wなどの経時変化を計算することができます。

初期条件：$t = 0, 0 \leqq \omega < \omega_0$：$q_E = \varepsilon_{wi}\alpha E_i = q_{Ei}$ (4-27)

境界条件：$\omega = \omega_0, t \geqq 0$ ：$q_E = 0$ (4-28)

ここに、E_iおよびq_{Ei}はそれぞれEおよびq_Eの初期値を表します。

図4-8は、ベントナイト粘土スラッジの場合の各操作条件におけるε_w-分布の経時変化について、実測値と脱水基礎式 (4-25) による計算値を比較した結果の一例です。なお、図中の実線の計算値は$\varepsilon \fallingdotseq \varepsilon_w$として得られた結果です。また、図中の縦軸$H/H_t$は、図4-1において粒子層

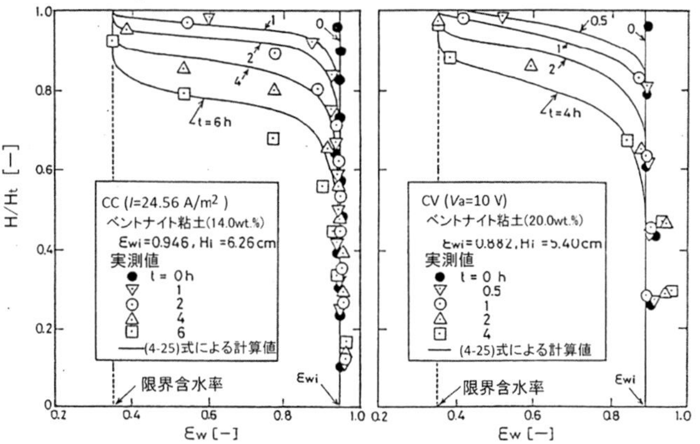

図4-8　CCおよびCVの各操作条件における含水率（ε_w）分布の経時変化

厚さ方向の任意の位置 H を H_t で除して無次元化した厚さ（位置）を表します。電気浸透脱水基礎式による計算値は、CC および CV の両操作条件において ε_w-分布の実験結果の傾向とほぼ良好な一致を示していることがわかります。

図の結果は両操作条件下で ε_w は粒子層上部である限界値まで著しく減少して脱水が下方に進行していくことを示しています。しかし、脱水が進んだ層上部の低含水率層ではしだいに比電気抵抗が増加することにより、CV 条件では V_a の損失（降下）が低含水率層において顕著になって脱水が終了するようになります。また、CC 条件では反対に V_a がやがて急増することによって電場印加の停止を余儀なくされるため、両操作条件において層下部を含めた粒子層全体の ε_w の低減は困難となることを示唆しています。なお、ε_w-分布の推定に加えて、Q_E や H_t、V_a、I、および電位差分布などの経時変化の推定については、脱水がある程度十分に進行した時点では電極反応に基づく電気分解の影響や上部電極と低含水率層との接触電気抵抗増加による影響等の考慮が必要であり、電気浸透脱水操作での複雑で難しい問題点となっています。

4-2-3　圧密機構を考慮したより厳密な理論的解析方法[10, 19, 49, 50]

第1章1-4節で述べたように、スラッジのような濃厚固液混合物である湿潤粒子充塡層に対してはHelmholtz-Smoluchowski式に基づくu_Eを用いた電気浸透速度式（4-1）を適用することは厳密な意味からは適切ではありません。また、圧密変化を起こすような微粒子から成る圧縮性湿潤粒子層内の電気浸透脱水現象を表す流動基礎式については1-5節で概説しましたが、ここで改めて説明を加え、圧密機構を考慮したより厳密な電気浸透脱水プロセスの解析方法について解説します。

非圧縮性湿潤粒子層に対して電場および液圧勾配を考慮した流動基礎式として、粒子層（$\varepsilon \fallingdotseq \varepsilon_w$）内の見掛けの平均液流速$q$はKozeny-Carman式の導出と同様の方法で導かれて次式のように表されます。

$$q = \frac{K_m}{\mu}\left(\rho_e E - \frac{dp_L}{dz}\right), \quad K_m = \frac{\varepsilon^3}{kS_v^{\,2}(1-\varepsilon)^2} \tag{4-29}$$

上式のqは体積基準の液流量を層断面積で除した流速であり、μは液粘度、ρ_eは液体単位体積当たりの電荷密度、Eおよびp_Lはz-座標（1-4節、図1-3参照）軸方向の外部電場強度および液圧（p_L）勾配、kはKozeny定数、S_vは粒子の体積基準の比表面積で、上式の右辺第1項は電気浸透流、第2項は液圧勾配による圧力流を表します。

ここで、圧縮性湿潤粒子層の脱水プロセスの解析に合理的なω-座標を用いると（4-29）式は次式のように書き換えられます。

$$q = \frac{1}{\mu\alpha_c}\left(\frac{\sigma_s E}{\rho_p \varepsilon} + \frac{dp_L}{d\omega}\right), \quad \alpha_c = \frac{kS_v^{\,2}(1-\varepsilon)}{\rho_p \varepsilon^3}, \quad \sigma_s = \frac{\varepsilon \rho_e}{1-\varepsilon} \tag{4-30}$$

ここに、α_cは粒子層の水力学的比抵抗（平均濾過比抵抗）、およびσ_sは固体粒子群の単位体積当たりの表面電荷密度です。また、電場下でも圧密過程の場合と同様に湿潤粒子層内のp_Lと固体粒子圧縮圧力p_Sの関係は次式で表されます。

$$\frac{\mathrm{d}p_{\mathrm{L}}}{\mathrm{d}\omega}+\frac{\mathrm{d}p_{\mathrm{S}}}{\mathrm{d}\omega}=0 \tag{4-31}$$

したがって、上式を（4-30）式に代入することによって粒子層内の p_{L} を p_{S} に置き換えた次式が得られ、圧縮性湿潤粒子層内の局所的な電位差勾配（電場強度）と流体力学的圧力勾配を考慮した流動基礎式となります。

$$q=\frac{1}{\mu\alpha_{\mathrm{c}}}\left(\frac{\sigma_{\mathrm{s}}E}{\rho_{\mathrm{p}}\varepsilon}-\frac{\mathrm{d}p_{\mathrm{S}}}{\mathrm{d}\omega}\right) \tag{4-32}$$

ここで、（4-22）式で定義された含水比 e_{w} と同意である空隙比 e（$=\varepsilon_{\mathrm{w}}/(1-\varepsilon_{\mathrm{w}})$）を用いると、（4-21）式と同様にして液の物質収支から次式が導かれます。

$$\frac{\partial e}{\partial t}=-\frac{\partial}{\partial\omega}\left\{\frac{\rho_{\mathrm{p}}}{\mu\alpha_{\mathrm{c}}}\left(\frac{\sigma_{\mathrm{s}}I}{\rho_{\mathrm{p}}\varepsilon\lambda}-\frac{\partial p_{\mathrm{S}}}{\partial\omega}\right)\right\} \tag{4-33}$$

後述するように、上式で $I=0$ とすれば、機械的圧搾操作における圧密方程式[51)]に帰着することから、（4-33）式は圧搾操作を併用した場合の電気浸透脱水プロセスの推算式（電気浸透脱水基礎式）として応用することができます。したがって、理論的導出が困難な e-p_{S}、σ_{s}-e、および λ-e のそれぞれの関係を実験的に求め、上式を適切な初期条件と境界条件を用いて数値解析することによって圧縮性湿潤粒子層の電気浸透現象に関係する脱水過程の諸量の経時変化が推算できるようになります。

図4-9は、一定荷重圧力（$P_{\mathrm{Si}}=98.1\,\mathrm{kPa}$）下で予め圧搾脱水して湿潤粒子層内の含水率を一様に調製したベントナイト粘土試料（固体濃度35.9 wt.%）に対して、CC操作条件（$I=12.9\,\mathrm{A/m^2}$）下での空隙比（e）分布の経時変化について（4-33）式を用いて数値解析した推算結果で、電場印加だけの電気浸透脱水操作の場合と圧搾操作を併用した場合の比

較結果です。なお、圧搾操作を併用したときの圧搾圧力は $P = 490$ kPa の場合ですが、圧搾操作を併用すると粒子層上部だけでなく下部も e が減少し、層全体で脱水が進行することが計算結果からもわかります。

図4-10は粒子層単位断面積当たりの脱水量 Q/A の経時変化について電気浸透脱水操作だけの場合と圧搾操作を併用した場合に対してそれぞれ実測値と推算値を比較した結果です。図の結果は、電気浸透脱水操作に圧搾操作を併用すると Q/A が増加することを実測値および推算値とも示しており、図4-9の推算結果の妥当性を示唆しています。また、図4-11は単位断面積当たりの消費電力 W/A と Q/A の関係について同様に電気浸透脱水操作だけの場合と圧搾操作を併用した場合の実測値の比較結果です。電気浸透脱水操作に圧搾操作を併用すると W/A に対して Q/A が増加すること示していますが、この理由は、圧搾操作によって前述の不飽和湿潤粒子層の形成に起因する接触電気抵抗の増加や電気分解による生成ガスの影響が抑制されるためではないかと考えられます。

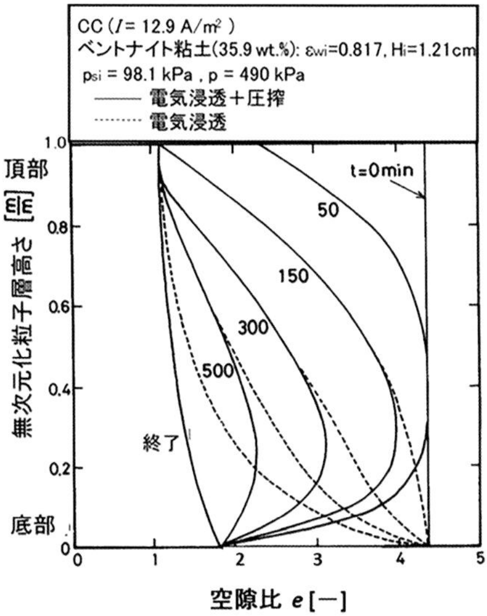

図4-9　CC条件における空隙比（e）分布の経時変化の推算結果

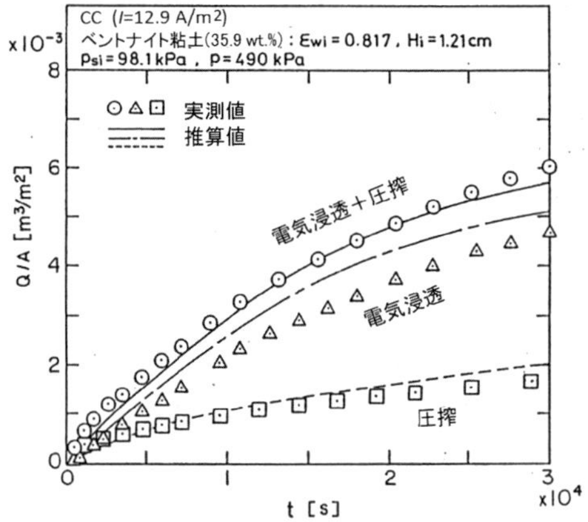

図4-10　圧搾操作を併用した場合の Q/A の経時変化の比較

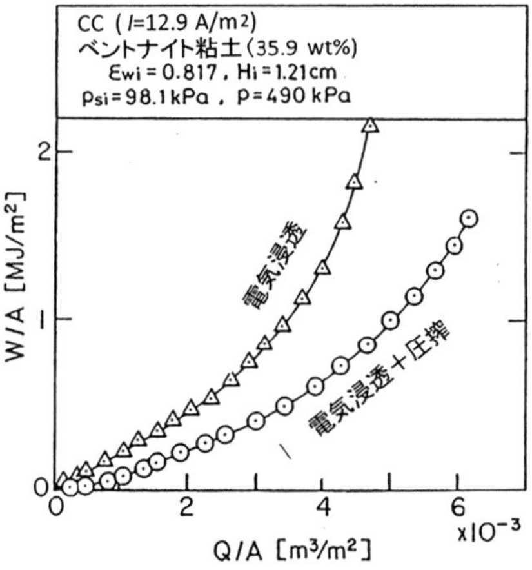

図4-11　圧搾操作を併用した場合の W/A と Q/A の関係の実験結果

ところで、(4-33) 式の左辺は次式のように書き表すことができます。

$$\frac{\partial e}{\partial t}=\frac{\partial e}{\partial p_S}\cdot\frac{\partial p_S}{\partial t} \tag{4-34}$$

先に述べたように e と p_S の関係は実験的に求められることを仮定しているので、(4-33) 式を上式に代入すると次式が得られます。

$$-\frac{\partial}{\partial\omega}\left\{\frac{\rho_p}{\mu\alpha_c}\left(\frac{\sigma_s I}{\rho_p\varepsilon\lambda}-\frac{\partial p_S}{\partial\omega}\right)\right\}=\frac{de}{dp_S}\cdot\frac{\partial p_S}{\partial t} \tag{4-35}$$

これより、(4-33) 式は次式のように書き改められます。

$$\frac{\partial p_S}{\partial t}=\frac{\rho_p}{\mu\alpha_c(de/dp_S)}\cdot\frac{\partial}{\partial\omega}\left(\frac{\partial p_S}{\partial\omega}-\frac{\sigma_s I}{\rho_p\varepsilon\lambda}\right) \tag{4-36}$$

なお、上式の展開では右辺中の以下で定義される係数 C_e（圧搾操作の理論的考察における修正圧密係数）が脱水期間中一定であると仮定しています。

$$C_e=\frac{\rho_p}{\mu\alpha_c(de/dp_S)} \tag{4-37}$$

したがって、(4-36) 式は次式のように書き換えられます。

$$\frac{\partial p_S}{\partial t}=C_e\frac{\partial}{\partial\omega}\left(\frac{\partial p_S}{\partial\omega}-E_p\right),\quad E_p=\frac{\sigma_s I}{\rho_p\varepsilon\lambda} \tag{4-38}$$

ここに、E_p は［Pa/m］の単位を有し、電気浸透圧勾配を意味しており、電気浸透脱水の推進力を表しています。そして、E_p も一定と仮定すると圧密現象を記述する圧密方程式と同形の次式となります。

$$\frac{\partial p_S}{\partial t} = C_e \frac{\partial^2 p_S}{\partial \omega^2} \tag{4-39}$$

これより、電気浸透脱水プロセスは固体粒子圧縮圧力 p_S の増加を伴った一種の圧密過程と考えることができます。

以上のことから、C_e および E_p を実測データに基づいて近似的に決定できれば、(4-39) 式は適切な初期条件および境界条件の下で数値解析でき、電気浸透脱水操作の場合および圧搾操作を併用した場合の電気浸透脱水過程の推算ができるようになります。

第５章　電場印加方法の多様性と脱水試料の適用性

電気浸透脱水法を実際に応用するときの電場の印加方法の多様性について解説するとともに、本方法の適用方法や適切な脱水対象物試料の特性、および脱水試料特性に対する有効な電場印加方法について説明します。したがって、電気浸透脱水法の応用を考える場合に必要とされる様々な有用な知見を得ることができます。

5-1　多様な電場印加方式による電気浸透脱水

前章で繰り返し触れてきましたが、電気浸透脱水プロセスにおける脱水阻害要因として脱水の進行に伴う脱水試料の電気的および物理的特性の変化や電極反応に起因する電気分解の影響などが挙げられます。すなわち、図3-7に例示されたように、一般的な印加電場である直流（DC）電場においては電気浸透作用によって湿潤粒子層内の水の移動が一方方向（図3-7では下方）に進んで脱水が進行するにつれて排水面とは反対側の電極（図中の上部電極）近傍において含水率が著しく低い粒子層が形成されるようになります。このとき、低含水率層においては比電気抵抗が増大して電気浸透作用を惹起するのに有効な電場の損失が発生するようになります。このことに起因した脱水阻害が生じるとともに、低含水率層の形成は上部電極と脱水試料との接触不良を起こし、電極と試料間の接触電気抵抗が増加することによって両電極間の電気抵抗は著しく増大して試料層全体の脱水の継続が阻害されるようになります[39)]。なお、上記の低含水率の湿潤粒子層が液体の不飽和湿潤粒子層を形成するときには比電気抵抗はさらに増大して印加電場の損失は一層増大するとともに接触電気抵抗の増加も著しく大きくなることが推察されます。また、水の電気分解による電解生成ガスが発生する場合には不飽和粒子層の形成や接触電気抵抗の増加などに著しい影響を与えることが示唆されることから大きな脱水阻害要因になると推察されます。

以上のような電気浸透脱水阻害を抑制、改善する方法としては二つに大別した適用方法を考えることができます。一方は装置構造による改善策であり、他方は電場印加方法による改善策です。

5-1-1　装置構造による改善策

第３章の電気浸透脱水法の特徴で述べたように、機械的脱水法との併用操作によって脱水効率の向上が図れるので、装置構造の改善方法として、例えば、図3-8のような回分式電気浸透脱水試験装置において、排液面側の集水室を減圧室にして真空脱水を併用する、あるいは脱水試料層の上側を加圧室にして加圧ガスによる加圧脱水を併用する、または機械的圧縮用ピストンを用いて圧搾脱水を併用する、等によって電気浸透脱水の阻害要因が抑制、改善できると考えられる装置構造が容易に実現できます。そして、これらの併用操作は基礎研究や実用化研究においても広範に応用されています[4, 36〜38, 43, 52)]。

また、上部電極を図5-1に示されるような多段式の装置構造にし、脱水の進行に伴う含水率分布の経時変化（図3-7）を考慮して上部電極を上側から下側に切り替えて電場を印加することによって湿潤粒子層全体の含水率低減が図れることが提案されています[39)]。しかし、本方法では予め粒子層中に上部電極を設置することや脱水終了後の上部電極および脱水試料の排出除去操作が煩雑となるという欠点があります。

上述の方法以外にも様々な装置構造による改善方法が提案されています。例えば、上部電極と脱水試料との接触不良を改善する装置構造として上部電極板を回転させる方法“回転上部電極法”が提案されていま

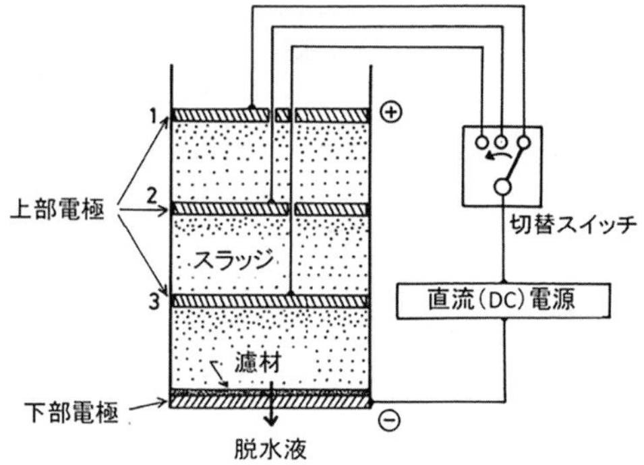

図5-1　多段式上部電極法による電気浸透脱水装置（3段の場合）

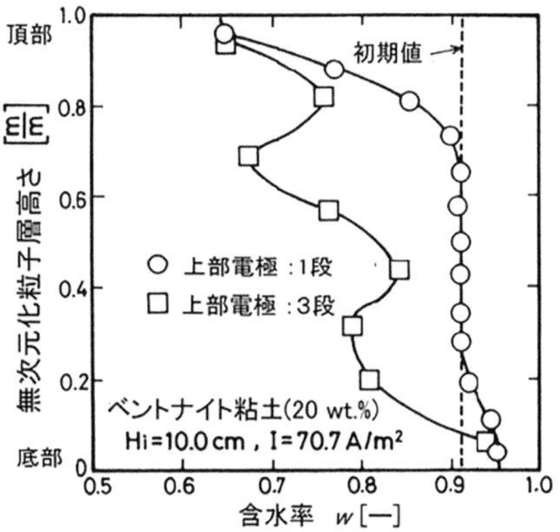

図5-2　多段式上部電極装置の場合の含水率（w）分布

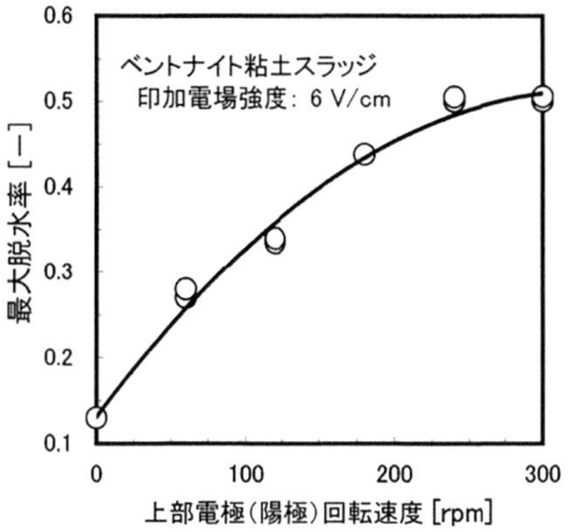

図5-3　回転上部電極法による脱水率に対する回転速度の効果

す[53]。この方法では上部電極の上方から脱水試料（スラッジ）を供給するので、上部電極板と試料との接触面は常にリフレッシュされ、接触電気抵抗の増加が抑制されて脱水性能が改善されるとしています。図5-3に示すように、上部電極の回転速度に対して脱水率は増加し、回転上部電極法の有効性がわかります。しかし、本方法は装置の構造上可動部分が必要になって複雑になります。

なお、以上の装置構造による改善策はすべて直流（DC）電場を垂直方向に印加する方式ですが、電場印加によって発生する電解生成ガスを除去するとともに電極を脱水試料と良好に接触させる方法として、図5-4に示すような電場を水平方向に印加する横型の装置構造も提案されています[54]。また、図5-5に示すように、水平方向の電場印加方式による圧搾操作を併用した連続式装置の研究も行われています[55]。

5-1-2　電場印加方法による改善策

これまで述べてきたように、電気浸透脱水法を応用するときは通常直流（DC）電場を利用して行います。しかし、連続的なDC電場以外に

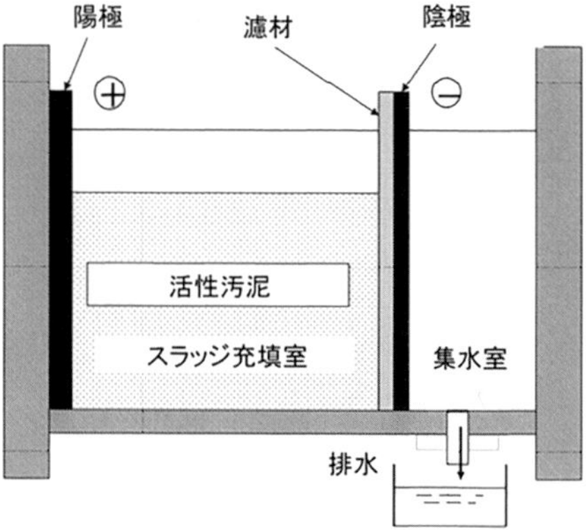

図5-4　水平方向の電場印加方式による装置構造

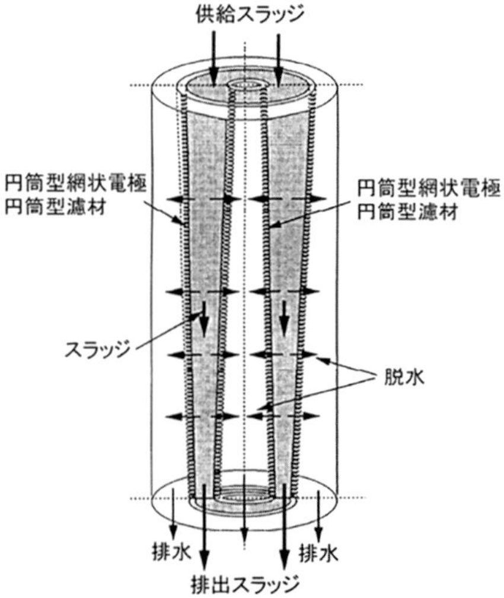

図5-5　水平方向電場印加方式による連続式装置の電気浸透脱水部本体

以下のような様々な電場の印加方法が研究されてきています。

DC 電場以外の電場印加方法について初めて実験的検討を行ったのは、電極の極性反転の反復による電場を用いた Gray らの研究[56] であると思われます。その後、前述の脱水阻害の抑制や改善を図る目的や意図で実施されたのかは明確ではないが、交流（AC）電圧の全波整流や半波整流による DC 電場、および DC の入切断反復による断続的電場[33]、DC の短絡的瞬間切断による電場[57、58]、脱水終了時の電極の極性反転による電場[56、59]、電極の周期的極性反転による交流（AC）電場[60～62]、およびパルス電場[63] など、多くの電場印加方法による実験的研究が行われてきています。

また、筆者らは、脱水阻害の大きな要因の一つである接触電気抵抗の増加を抑制、改善するという特定の目的から主に以下のような実験的検討を行い、その電気浸透脱水特性や有効性について明らかにしてきました。

⑴　電極極性の周期的反転による AC 電場[64, 65]
⑵　AC 電場の半波整流あるいは DC 電場の ON-OFF 制御による断続的電場[55, 65, 66]
⑶　CC および CV 条件を組み合わせた操作方法による電場[67]、他

ここでは、上記⑴, ⑵の電場印加方法による実験結果について例示してその有効性を簡単に示します。

AC 電場および AC の半波整流による断続的電場の印加方法を図5-6に示します[66]。図は正弦波形の場合の AC 電圧の入力に対する半波整流による出力電圧波形を表し、連続的な DC 電圧値に対して等価な矩形波形および正弦波形それぞれの場合の AC 電圧の実効値（正弦波の場合は r.m.s 値）であるピーク電圧（PV）の AC 電場、および AC 電場の半波整流による等価な有効電圧（EV）の断続的電場（IEF）の波形を模式

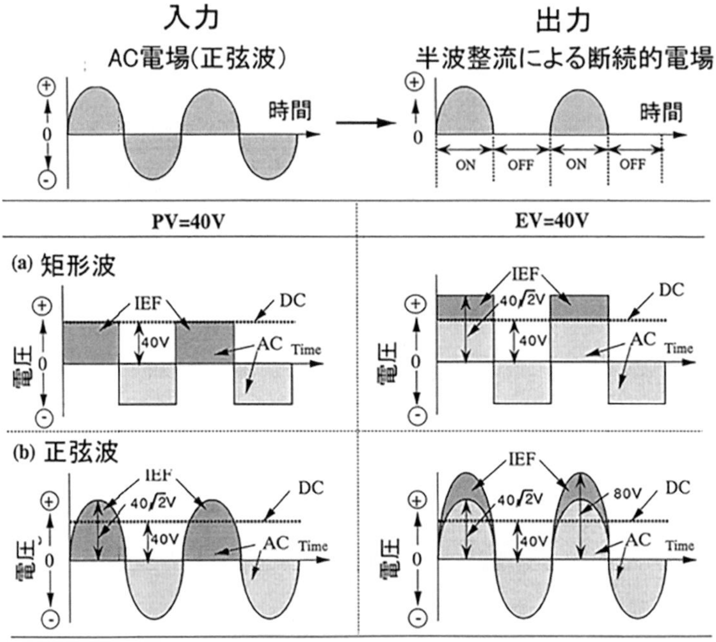

図5-6　連続的 DC 電場に等価な矩形波および正弦波形の AC 電場、
および AC 電場の半波整流による断続的電場（IEF）

的に表しています。すなわち、両波形の場合の DC 電圧に対して等価なピーク電圧（PV）の AC の場合と AC の半波整流による等価な有効電圧（EV）の IEF について図示しています。なお、AC の半波整流による IEF では ON 時間と OFF 時間が同じであり、これを 1 周期と考え、断続的電場においても周波数条件として AC の周波数 f を同様に使用します。例えば、断続的電場における実験条件として、ON-OFF 時間が 50 s のときは $f = 0.01$ Hz として表します。

図5-7には、脱水量 Q の経時変化について、定電圧（CV）操作による DC 電場と直流（DC）電圧値と等価な AC の実効電圧（r.m.s 値）である PV の AC 電場（正弦波、周波数 $f = 0.001$ Hz の場合)、およびその

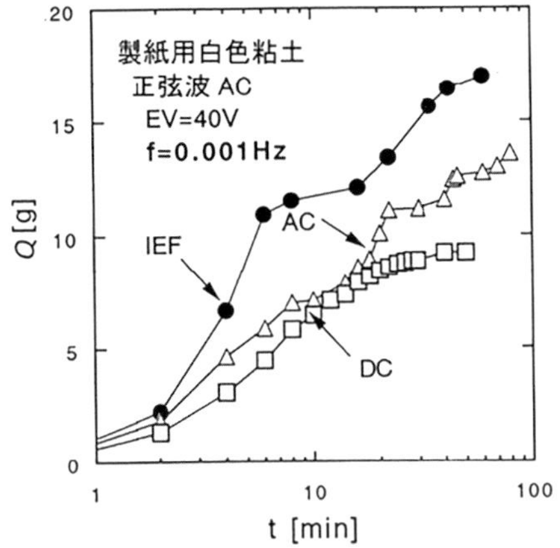

図5-7　AC および IEF 電場による脱水量 Q の経時変化

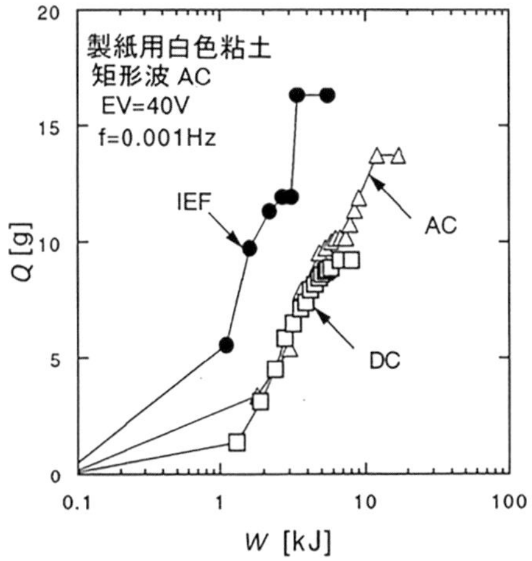

図5-8　AC および IEF 電場による消費電力 W に対する脱水量 Q の関係

AC 電場の半波整流による等価な EV の断続的電場（IEF）の比較結果を例示します。図より、DC 電場に対して AC および IEF 電場ともに Q を増加することができ、特に IEF では dQ/dt および Q とも顕著に増大できることがわかります。

図5-8は、Q と消費電力 W の関係について、DC 電場と等価な矩形波、周波数 $f = 0.001$ Hz の場合の AC 電場、およびその AC 電場の半波整流による等価な EV での IEF 電場を比較した結果です。図から、消費電力効率（Q/W）についても同様に IEF による電場印加方法では著しく増大できることがわかります。以上のような結果は先述の脱水阻害要因が抑制あるいは改善されたためであると推察することができます。

5-2　電気浸透法に有効な脱水試料特性

第 1 章で述べたように、電気浸透速度を表す Helmholtz-Smoluchowski 式（H-S 式）は毛細管モデルに基づいて電気二重層の厚さが毛細管径あるいは孔径に比べて極めて小さいことを前提として平行平板コンデンサー理論を適用して導かれています。しかし、固体微粒子を含む多くの固－液分散系においても電気二重層の厚さは粒子層中の見掛けの毛細管径より十分小さく、H-S 式は固－液分散系の場合にも適用できると考えられ、含有粒子径にはほとんど影響を受けないことが推察されます。したがって、H-S 式は近似的に湿潤粒子層中の電気浸透脱水機構を理論的に考察する上での一つの基本式であり、多くの場合一般的に使われており [2, 17, 23]、電気浸透速度が毛細管構造には依存しないことを表現していることから、微細粒子の固－液分散系混合物に対する電気浸透脱水法の有効性が示唆されています。これより、電気浸透脱水法は、従来の機械的脱水法では困難とされてきているコロイド性粒子から成る各種固液混合物や食品生産処理工程に見られるゲル状スラッジ、および生物処理汚泥のような凝集性スラッジなどに有効であるとされています [4]。

H-S式は第３章（3-1）式で示されたように、電気浸透速度 u が次式を用いて表されます。

$$u = \left(\frac{\zeta D}{4\pi\mu}\right) E = \left(\frac{\zeta D}{4\pi\mu}\right) \frac{I}{\lambda} = \left(\frac{\zeta D}{4\pi\mu}\right) \rho_E I \qquad (5\text{-}1)$$

上式より、粒子のζ-電位の絶対値が大きく、脱水試料の電気伝導度λが小さい（比電気抵抗 ρ_{E} は大きい）ほど電場強度 E が大きくなって液流速 u に及ぼす電気浸透効果は大きくなります。したがって、脱水試料特性としては脱水過程においてζが大きく、λは小さく（ρ_{E} は大きく）維持あるいは変化して E が大きく維持、継続されることが望ましく有効な試料となります。なお、効率の良い電気浸透脱水操作のためには脱水過程において粒子層内の局所的電場強度 E ができるだけ一様になることが望ましく、脱水に伴う含水率 w の減少変化に対してλ（あるいは ρ_{E}）があまり変化しない電気的特性を有する試料が適当であるとも言えます。また、脱水過程における湿潤粒子層の厚さは脱水量に応じて減少しますが、このときの物理的な減少変化は大きい方が E を大きくできるために望ましいことになります。しかし、脱水に伴って液体の不飽和粒子層が形成されるような場合には脱水量に対する粒子層厚さの減少変化は小さくなります。したがって、脱水に伴う湿潤粒子層の圧縮性も一つの物理的特性として大きく関係することが考えられます。

ところで、脱水の進行に伴って ρ_{E} は大きく変化することが望ましいと前述しましたが、ρ_{E} の増加は脱水試料層全体の電気抵抗の増大を招来して脱水の継続を妨げる要因になります。特に、脱水に伴う不飽和粒子層が電極近傍に形成される場合には ρ_{E} が局所的に急増するとともに試料層と電極との接触不良による電気抵抗（接触電気抵抗）の増大によって著しく電気浸透脱水の進行が阻害されるようになります。このことより、第３章で既に述べたように、不飽和粒子層の形成を抑制するという観点からも含有固体粒子は微細粒子の方が適用対象物として望ましいと考えられます。

以上のように、電気浸透法に有効な脱水試料は脱水に伴う試料層の電気的特性および物理的特性に大きく依存します。また、電場印加による電極反応によって電極材料の腐食や脱水試料の汚染、試料層内の pH 変化、電解生成ガスの発生などの現象が相俟って脱水過程の試料特性に影響を及ぼします。したがって、電気浸透脱水法はこのような複雑な現象に起因する問題を抱えており、その利用や応用方法が制限される理由にもなっています。

5-3　脱水試料の有効性に対する電気的および物理的特性[68)]

第３章3-3節および3-4節で述べたように、電気浸透脱水プロセスを考察する上で重要な基礎データの一つに、脱水試料の含水率 w（あるいは空隙率 ε）の変化に対する比電導度 λ（あるいは比電気抵抗 ρ_E）の変化に関する測定データがあります。３種類の固体粒子（炭酸カルシウム、蛙目粘土、製紙用白色粘土）の場合の固液混合物である脱水試料の ρ_E と ε の関係を図5-9に例示します。圧搾脱水平衡実験による測定結果で、各脱水試料に対して圧搾圧力を変えたときの含水率が一様な圧搾平衡状態における試料層の ρ_E と ε の関係を表しています。

図より、製紙用白色粘土粒子は圧搾圧力の変化に対して ε はほとんど変化せず、圧縮性が極めて低い難脱水性試料であり、電気浸透脱水阻害の影響が大きい試料であると言えます。また、炭酸カルシウム粒子は圧縮性が良いが ε の減少とともに ρ_E が大きく増加する傾向があって脱水阻害を受けやすい試料であることがわかります。前述したように、脱水に伴う ε の減少変化、すなわち含水率 w の減少に対して ρ_E があまり変化しない電気的特性を有する試料が望ましいことから、３種類の粒子試料の中では蛙目粘土粒子が脱水阻害の影響は小さく、電気的特性の観点から最も電気浸透法に有効な脱水試料であると推察できます。

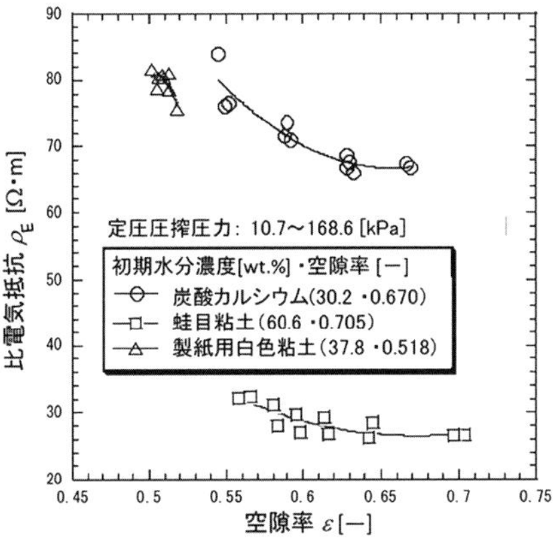

図5-9　３種類の脱水試料の比電気抵抗 ρ_E と空隙率 ε の関係

脱水試料の有効性については、前述の試料の物理的特性にも依存しており、脱水に伴って形成される湿潤粒子層の圧縮性は試料粒子の濾過特性と関係付けられることが推察されます。図5-10は、前記３種類の固体粒子のスラリー試料の定圧濾過実験データに基づく Ruth プロット[5,12] から求められる平均濾過比抵抗 α_{av} と濾過圧力 ΔP の関係です。図の結果より、定圧濾過特性値 α_{av}、圧縮性指数 n、および粒子の Median 径 d_s がそれぞれ表5-1のように整理できます。表の数値から、製紙用白色粘土は d_s が最も大きく、α_{av} および n はそれぞれ最も小さく、定圧濾過操作が容易なほとんど非圧縮性粒子であることがわかります。また、炭酸カルシウムの α_{av} および n はそれぞれ中程度の値でやや圧縮性を示しますが、蛙目粘土の α_{av} および n は最も大きい値を示しており、難濾過性粒子であることを示唆していますが ΔP の変化に対する圧縮性は極めて高いことがわかります。したがって、蛙目粘土粒子の場合の脱水過程の湿潤粒子層厚さの減少変化は顕著であり、電場強度 E を大きく維持できることが実験結果からもわかります。なお、Median 径も比較的小さ

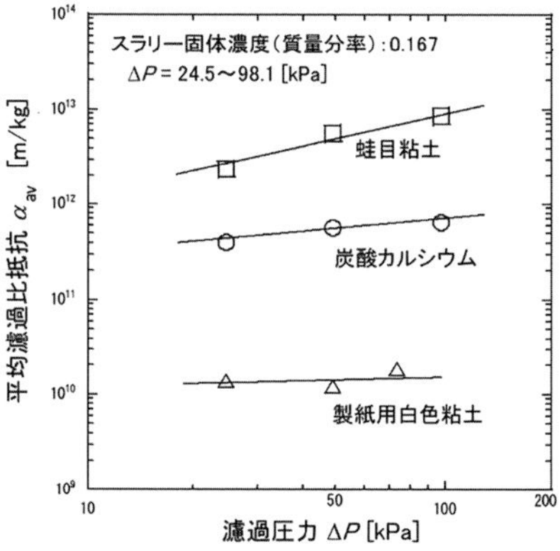

図5-10　３種類のスラリー試料の平均濾過比抵抗α_{av}と濾過圧力ΔPの関係

表5-1　３種類の試料粒子の定圧濾過特性値（物理的特性値）

試料粒子	平均濾過比抵抗 α_{av}［m/kg］(at $\Delta P = 49$ kPa)	圧縮性指数 n［−］	Median 径 d_s［μm］
蛙目粘土	2.55×10^{12}	0.921	3.08
炭酸カルシウム	4.15×10^{11}	0.333	1.37
製紙用白色粘土	1.27×10^{10}	0.230	16.88

い微細粒子であり、物理的特性の観点からも３種類の試料の中では蛙目粘土が最も有効な脱水試料と推察されます。

5-4　脱水試料特性に対する有効な電場印加方法

5-4-1　初期印加電場強度の設定方法[68)]

脱水試料の質量基準の脱水率（水分除去率）η［%］を初期含水率C_i［wt.%］と最終含水率C_f［wt.%］を用いて次式で定義します。

$$\eta = (C_f / C_i) \times 100 \tag{5-2}$$

また、印加電場強度の初期値 E_i は、試料断面を流れる電流密度 I、電極間電圧（≒試料層の印加電圧）V、および電極間距離（試料層厚さ）L を用いて前出のように次式で表されます。

$$E_i = I/\lambda = \rho_E I = V/L \tag{5-3}$$

ここで、上式右辺の物理量は λ および ρ_E を含めてそれぞれ脱水初期値を表し、定電圧（CV）および定電流（CC）操作による様々な電場印加条件における E_i が求められます。図5-11は前記３種類の固体粒子を用いた脱水試料に対する η と E_i の関係を示した結果です。全ての試料で E_i の増加、すなわちCC操作による I、あるいはCV操作による V の増加とともに η は減少し、含水率を低減できる傾向を示しますが、蛙目粘土が最も η の減少が大きく、前述のように、３種類の脱水試料の中では電気浸透法に有効な特性を持つ試料であることがわかります。

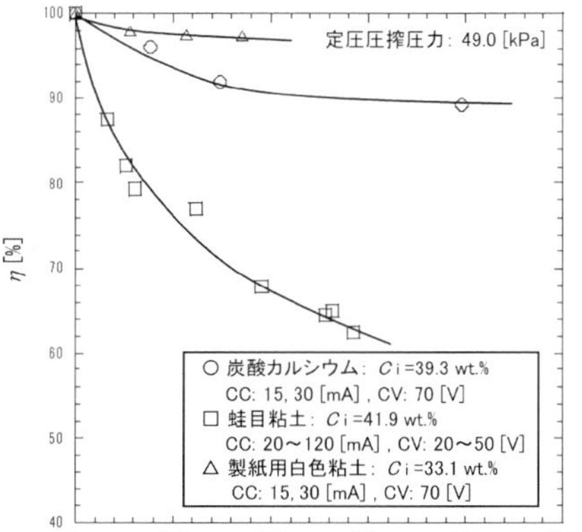

図5-11　３種類の脱水試料の場合の η と E_i の関係

電気浸透脱水法の駆動力は電場印加に起因し、第３章3-5節で述べたように、電力消費量（消費エネルギー）を考慮することが重要になります。したがって、様々な電場印加条件下の全消費電力量 W_f に対する最終的な全脱水量 Q_f、すなわち脱水量に対する消費電力効率 Q_f/W_f についての評価が必要なことになります。図5-12は３種類の脱水試料における Q_f/W_f と E_i の関係の実験結果です。図より、脱水試料全体で E_i の増加とともに Q_f/W_f は減少する傾向を示し、炭酸カルシウム試料における Q_f/W_f も E_i が極めて大きくなると増加傾向から転じて減少するようになります。Q_f/W_f のこのような減少傾向すなわち消費電力効率の減少は、E_i が増加するとともに前述の接触電気抵抗の増大による脱水阻害の影響がより顕著になり、E_i の増加すなわち印加電圧が大きくなるほど脱水進行に寄与する有効な印加電圧の割合が減少するためであると推察されます。なお、図の結果は蛙目粘土試料の Q_f/W_f が他の粒子試料に比べて極めて大きい値を示しており、消費電力効率の点からも３種類の脱水試料の中では電気浸透脱水法に最も適した試料と言えます。

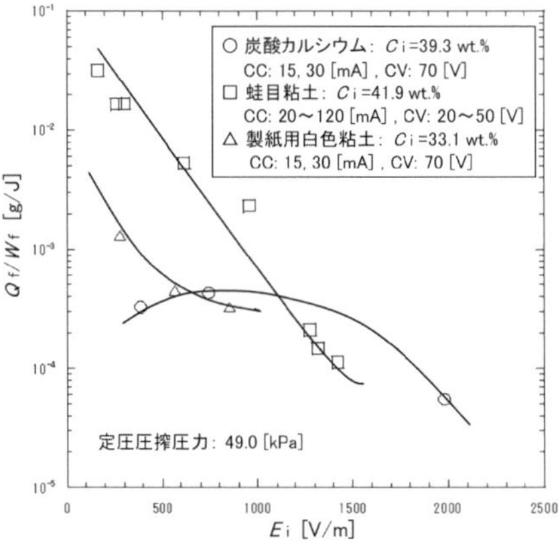

図5-12　３種類の脱水試料の場合の消費電力効率 Q_f/W_f と E_i の関係

以上のような結果から、脱水量すなわち含水率や消費電力効率の観点から３種類の脱水試料の中では蛙目粘土が電気浸透脱水法には最も有効な粒子試料であり、製紙用白色粘土は最も不適当な粒子であることがわかります。

また、各脱水試料に対する E_i の設定方法は以下のようにすることが適当であると考えられます。すなわち、製紙用白色粘土試料では含水率を低減することがほとんど困難なので E_i はあまり大きくせずに設定した方が良く、炭酸カルシウム試料の場合は Q_f/W_f が最大値を示す近傍の E_i が適切であり、蛙目粘土試料では η（$= C_f/C_i$）の目標値に対して E_i はより大きく設定した方が良いと言えます。

5-4-2　脱水試料断面積より上部電極面積を小さくする電場印加方法[68, 69]

電気浸透脱水阻害を生ずる大きな要因である上部電極と脱水試料との接触電気抵抗の増大を抑制する一つの方法として、上部電極の脱水試料接触面積 A_E（上部電極面積）を試料断面積 A_b より小さくすることによって改善できることが期待されます。

A_E が A_b と同じ場合（$A_E = A_b$）の電気浸透速度 u は（5-1）式で表され、電場強度 E は A_E を用いると次式のように表すことができます。

$$E = \rho_E I = \rho_E (i/A_b) = \rho_E (i/A_E) \tag{5-4}$$

上式中の i は試料層断面を流れる電流であり、$A_E < A_b$ にすれば、i が一定の CC 操作条件下では E が大きくなって u を大きくできることになります。ここで、$A_E < A_b$ の場合には脱水作用に有効な正味の試料断面積 $A_{b,eff}$ は $A_E \leqq A_{b,eff} < A_b$ と見積もられることが考えられます。したがって、A_E の大きさの条件によっては $A_{b,eff}$ を A_E より大きくできることが推察されます。これより、第４章の理論的考察で記したように、$A_{b,eff}$ を用いると脱水量 Q および消費電力効率 Q/W はそれぞれ次式のように表さ

れることになります。

$$Q=\int_0^t A_{\mathrm{b,eff}}\varepsilon u\mathrm{d}t=\int_0^t A_{\mathrm{b,eff}}\varepsilon\alpha E\mathrm{d}t=\int_0^t A_{\mathrm{b,eff}}\varepsilon\alpha\rho_{\mathrm{E}}(i/A_{\mathrm{E}})\,\mathrm{d}t=\left(\frac{A_{\mathrm{b,eff}}}{A_{\mathrm{E}}}\right)\alpha\int_0^t \varepsilon\rho_{\mathrm{E}} i\mathrm{d}t \tag{5-5}$$

$$\frac{Q}{W}=\frac{\left(\dfrac{A_{\mathrm{b,eff}}}{A_{\mathrm{E}}}\right)\alpha\int_0^t \varepsilon\rho_{\mathrm{E}} i\mathrm{d}t}{\int_0^t (Vi)\,\mathrm{d}t} \tag{5-6}$$

これらの式は、Q および Q/W が（$A_{\mathrm{b,eff}}/A_{\mathrm{E}}$）に依存することを表しており、$A_{\mathrm{E}}$ を A_{b} より小さくした場合に $A_{\mathrm{b,eff}}$ が A_{E} より大きくなれば $A_{\mathrm{E}}=A_{\mathrm{b}}$ の場合より Q および Q/W を増大でき、脱水阻害の要因である接触電気抵抗の影響も低減して改善が図れることを示唆しています。

図5-13には、接触電気抵抗の増大による脱水阻害の影響を比較的受けやすい炭酸カルシウム試料の場合について、CC 条件(a)および CV 条件(b)下での最終脱水量 Q_{f} および任意の脱水時間における Q/W に及ぼす A_{E} の変化の影響についての実験結果を示しました。図中の $A_{\mathrm{E}}=28.3\ \mathrm{cm}^2$ の場合が $A_{\mathrm{E}}=A_{\mathrm{b}}$ であり、円形の試料断面に対しては電極の直径は 6 cm になります。両操作条件下で A_{E} が A_{b}（$=28.3\ \mathrm{cm}^2$）に比べて小さくなるにつれて Q_{f} および Q/W は明らかに増加傾向を示すようになります。このような結果は、A_{E} を A_{b} より小さくすると $A_{\mathrm{b,eff}}$ が A_{E} より大きくなって見掛け上の脱水面積が電極面積より大きくなるとともに接触電気抵抗の影響が抑制されるためであると推察されます。しかし、A_{E} が極端に小さくなると Q_{f} および Q/W ともに反対に急減するようになります。この急減の理由については、A_{E} が小さ過ぎて脱水試料との接触面積が極めて小さく電気浸透作用による脱水効果が発現し難くなるためであると考えられます。

一方、図5-14は脱水阻害の影響をあまり受けない蛙目粘土試料の場合について同様に整理した実験結果です。図より、CCおよびCVの両操作条件下でQ_fはA_Eが小さくなるとともに炭酸カルシウム試料とは反対に減少傾向を示すことがわかります。また、Q/WはCC条件ではA_Eが小さくなるとともに減少傾向を示す一方で、CV条件ではA_Eの減少とともに逆に増加傾向を示すようになります。CV条件下でのQ/Wの増加傾向は、A_Eの減少によって試料層の電気抵抗が見掛け上増加するた

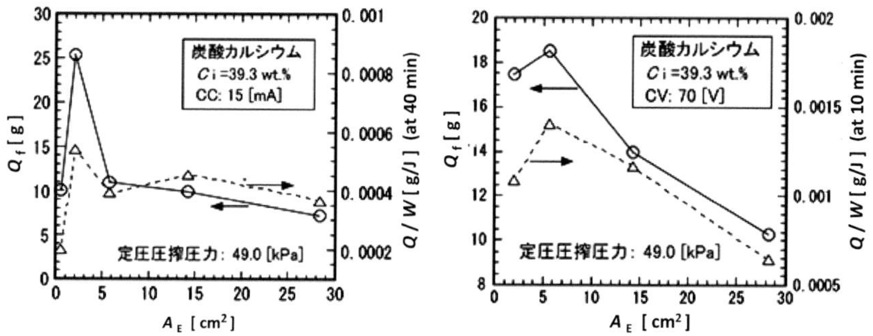

(a) 定電流（CC）操作　　(b) 定電圧（CV）操作

図5-13　炭酸カルシウム試料の場合にA_Eの変化がQ_fおよびQ/Wに及ぼす影響

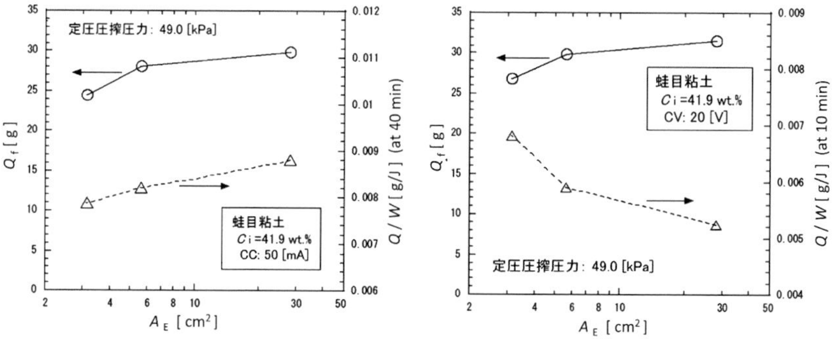

(a) 定電流（CC）操作　　(b) 定電圧（CV）操作

図5-14　蛙目粘土試料の場合にA_Eの変化がQ_fおよびQ/Wに及ぼす影響

めに電流 i が小さくなり、接触電気抵抗の増加が抑制されるとともに W の損失が減少するためであると考えられます。

また、図5-9に見られたように、蛙目粘土は ρ_E が小さく電気伝導性の良い試料であるために電極と脱水試料との接触面での電気抵抗の増加の影響が小さく、A_E 自体がほぼ $A_{b,eff}$ に相当するようになると推測されます。したがって、$A_E = A_b$ の通常の電気浸透脱水操作で脱水阻害を受け難い蛙目粘土のような脱水試料の場合には、CV 操作による Q/W の場合を除いて A_E の減少による脱水改善効果はほとんど期待できないものと考えられます。

なお、(5-5) 式から脱水初速度 $\mathrm{d}Q/\mathrm{d}t$ が近似的に次式 (5-7) のように導かれるので、$A_{b,eff}$ は (5-8) 式で推算することができます。

$$\frac{\mathrm{d}Q}{\mathrm{d}t} \fallingdotseq A_{b,eff}\varepsilon\alpha\rho_E(i/A_E) \tag{5-7}$$

$$A_{b,eff} \fallingdotseq \frac{\mathrm{d}Q}{\mathrm{d}t} \cdot \frac{A_E}{\varepsilon\alpha\rho_E i} \tag{5-8}$$

ここで、ε、α、および ρ_E はそれぞれ初期値として定数扱いし、Q と t の実験的関係から近似的に脱水初期における実測値 $\mathrm{d}Q/\mathrm{d}t$（脱水初速度）を求めれば A_E を減少変化させたときの $A_{b,eff}$ が計算できます。

図5-15は炭酸カルシウムおよび蛙目粘土試料それぞれの場合の推算値 $A_{b,eff}$ について A_E/A_b に対する $A_{b,eff}/A_E$ をプロットした結果です。縦軸の $A_{b,eff}/A_E = 1$ は $A_E = A_{b,eff}$ を表し、A_E の減少変化の有効性は見られないことを意味します。図より、蛙目粘土試料では A_E を小さくしても $A_{b,eff}/A_E \fallingdotseq 1$ と見做される一方で、炭酸カルシウムの場合は A_E/A_b が小さくなるにつれて $A_{b,eff}/A_E$ は急増する傾向を示し、図5-13(a)および図5-14(a)の結果を示唆するとともに良好に符合していることがわかります。

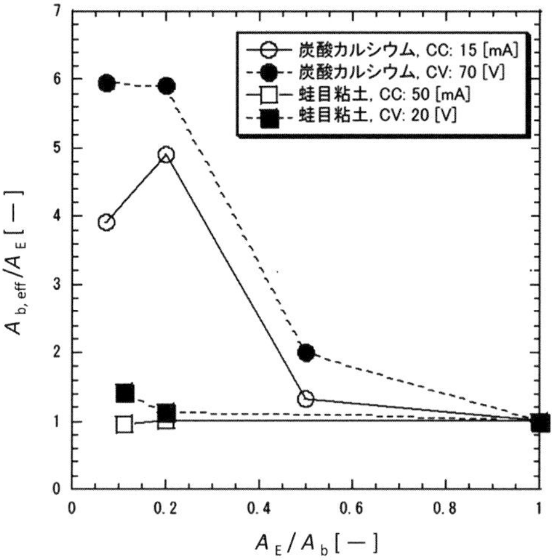

図5-15　炭酸カルシウムおよび蛙目粘土試料における $A_{b,eff}/A_E$ と A_E/A_b の関係

第６章　実用装置と応用分野

近年から最近に至るまでの主な国内外の実用化研究と実用装置の概要について例示、解説するとともに、応用方法や応用分野に触れました。また、電気浸透脱水技術の現状における課題や問題点、および将来的展望について私見も交じえて述べましたが、本技術に関する実際的な概観を知ることができます。

6-1　電気浸透脱水法の実用的応用・適用方法と実用装置・設備の現状

電気浸透脱水法の主な実用化・工業化研究の歴史的経緯の概要を第３章：表3-1で示して述べましたが、実用化研究における応用方法は、表6-1に示すように概ね２つの異なる方法に大別できます[25)]。一方は脱水対象物の中に様々な方法で電極を固定して電場を印加する固定電極法と言える方式であり、他方は電極に回転ドラムや回転ベルトなどを利用した機械類に基づく稼働電極法と呼べるものです。表より、固定電極法は土壌や洗浄排水の沈澱池などを対象にして現地で電極を設置して脱水を実施する方法[25〜27, 32)]であり、稼働電極法は種々の型式の機械的脱水装置に対象試料を導入して電場を印加して脱水処理する方法[4, 22, 36)]です。これらの方式の適用は、脱水対象物の排出状態や輸送方法の取り扱い、脱水分離目標値、および電力消費量（消費エネルギー）の予測データ等に基づいて考慮されます。

以下、固定電極法および稼働電極法による主な実用的応用例について概説します。

表6-1　電気浸透脱水法の実用的応用例

固定電極法	稼働電極法
鉱物残渣泥の脱水	スラッジ（汚泥）の脱水
洗浄廃水泥の脱水	粘土の脱水
土壌の脱水硬化安定	石炭の脱水
土壌の汚染水脱水除去	食品（有機物）の脱水

6-1-1　固定電極法による実用化研究と実用装置・設備

1970〜1980年代には、図6-1の写真や図に示されるように、米国鉱山局（U. S. Bureau of Mines）において各種金属選鉱製錬プロセスや石炭採掘現場から発生する洗浄汚泥を対象にして現地で電源設備や施設を設置し、固定電極法による工業的規模での実地試験による電気浸透脱水法の実用性が研究され実際に運用されてきました[16, 22, 28, 29]。また、オーストラリア連邦科学産業研究機構（Commonwealth Scientific and Industrial Research Organization: CSIRO）では、図6-2の写真のように、カオリン粘土や石炭、砂などの洗浄排泥水の貯留池において同様に現場で電極を設置して実用化を目指した工業的試験研究が勢力的に行われてきています[30〜33]。しかし、いずれも固定電極を用いたこれらの応用方法の試験

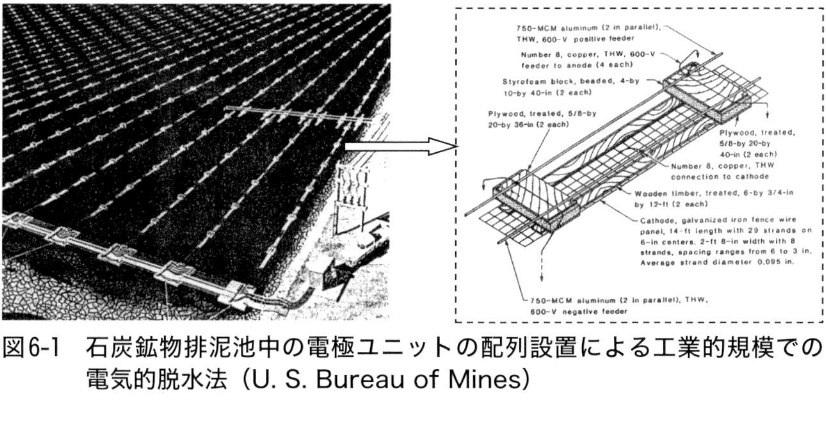

図6-1　石炭鉱物排泥池中の電極ユニットの配列設置による工業的規模での電気的脱水法（U. S. Bureau of Mines）

図6-2　石炭洗浄排泥水の貯留池における水平型電極設置による電場を利用した工業的脱水試験（CSIRO）

的研究は広範な実用化には発展しなかったようです。

6-1-2　稼働電極法による実用化研究と実用装置・設備

稼働電極法による装置構造に基づく電場を利用したスラッジの脱水に対する応用方法は古くから提案されており、基本的には20世紀初頭に初めてC. B. Schwerinが工業的に応用して以来、一般的な機械的方法では脱水が困難とされるような各種鉱物洗浄汚泥などを対象にして研究されてきました[2, 16, 24)]。その後1980年代以降、主として国内において上下水・廃水処理施設の整備普及に伴って大量に排出されるようになった下水汚泥や余剰活性汚泥のような微生物処理汚泥の脱水処理を目的に稼働電極法による電気浸透脱水法の実用化を目指した研究開発が行われ、特定の対象物や応用分野の少数例ではあるが限定された範囲で実用されてきました[22, 36〜38)]。その代表的な実用装置例の構造を写真とともに模式的に図6-3（回転ドラム型式）[36, 70)]および図6-4（フィルタープレス型式）[22, 33)]に示します。両装置とも電気浸透と機械的圧搾の併用操作による脱水機と言えます。また、スクリュープレス型式の装置についても試験的研究が行われてきており[71]、2010年頃から最近に至って新たな稼働電極法による電気浸透式回転加圧脱水機の研究開発が行われ、商用化が行われるような状況になっています。[72]

以上のように、電気浸透脱水法に関しては長い間にわたって多くの研究が行われ、現在に至るまで限定された範囲で実用化が図られてきており、実装置や設備の稼働実績もありますが、広く普及、利用される状況にはないのが現状のようです。

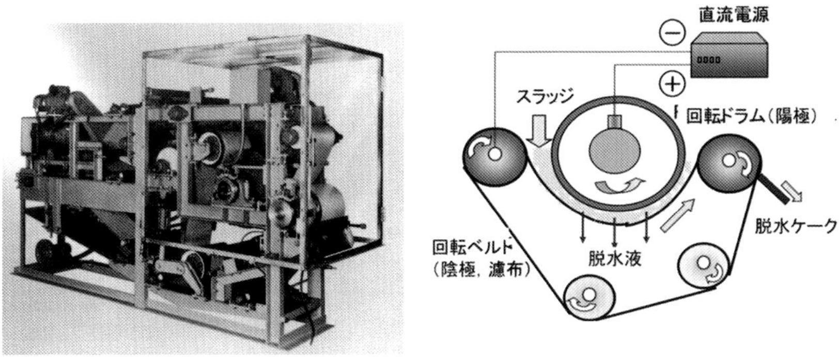

図6-3　回転ドラム式電気浸透脱水機（電気浸透式ベルトプレス）

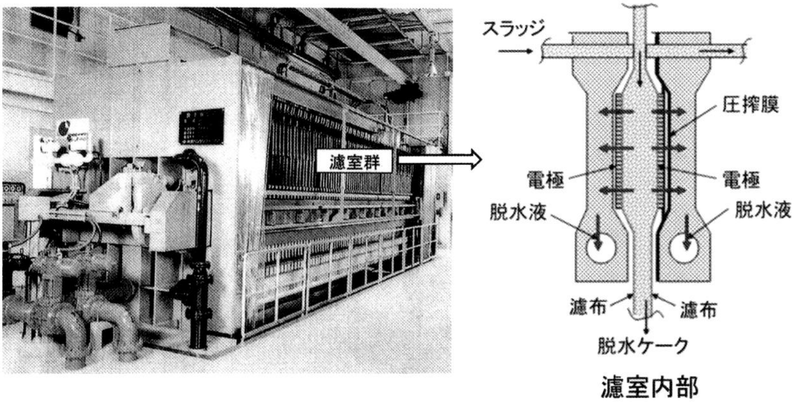

図6-4　フィルタープレス式電気浸透脱水装置（電気浸透式加圧脱水機）

6-2　電気浸透脱水法の問題点や課題と将来展望

前述したように、電気浸透脱水法は長い間に多くの基礎研究や実用化研究が行われてきているが、以下のような理由や誤解などのためか広範に実用されていないのが現状のようです。

⑴　電気を利用するために消費エネルギーが大きいというイメージがあり、また安全性に危惧がある。
⑵　機械的脱水法と併用することが多く、機械的装置・設備に新たに電源設備等を附帯するために複雑な装置・設備になるとともに、設備費が嵩むとともに煩雑な運転操作となる。
⑶　物理的変化に加えて電気化学的変化など多くの因子が複雑に影響し、脱水分離現象のメカニズムやプロセスの推測を困難にする。
⑷　大量処理が必要な脱水対象物に対する画期的な費用対効果が期待できない。
⑸　既存の脱水技術や装置・設備に対して革新的な技術改善が図れない。

しかしながら、本書で説明してきたように、脱水対象物の特性や処理目的に応じて適切に応用すれば、機械的脱水法と比較しても到達含水率の低減を図れるだけでなく、エネルギー的にも少しも遜色なく、却って有利な場合も十分にあるとされています[25)]。したがって、以下に挙げるような項目の課題や問題点等の検証が十分に行われ、その改善方法や解決法が明らかにされれば、電気浸透脱水技術の一層の充実発展、応用および適用範囲の拡大展開が今後さらに期待できるようになると思われます。

⑴　適切な脱水対象物の明確化
⑵　対象物に対する適切な操作方法や条件の明確化
⑶　対象物中の水分状態に対する到達含水率の明確化と到達含水率の推定方法
⑷　設備費や維持管理費、消費エネルギーに対する脱水効果（費用対効果）の明確化
⑸　脱水プロセスに及ぼす電気分解の影響についての定量的把握と電気化学的反応に対する適切な電極材料の開発
⑹　燃料や電気などのエネルギー源の変動に対応できるように、機械的脱水法と電気浸透脱水法がそれぞれ単独で、また両者の併用操作が可能な汎用性のある新規装置の開発
⑺　CO_2などの環境問題における技術の優位性の明確化、その他

以上のように、電気浸透脱水法の応用技術については多くの問題点や課題がまだまだ残されていますが、今後とも基礎研究と実用化研究の両者が相補的に継続され、上述のような問題点などの明確化や解決方法が図られれば、エネルギーや環境問題などの社会的環境変化とも相俟って今後の普及発展や利用拡大の可能性が考えられ、電気浸透脱水技術の更なる発展が期待されるとともに望まれます。

あとがき

最終章で概説したように、電気浸透脱水法の実用的応用分野は主に機械的脱水法で対象とされている大量に排出される各種のスラリーやスラッジ、汚泥などの固液混合物を脱水対象物として基本的には応用されてきています。しかしながら、電気浸透脱水法は電気二重層に起因する電気力による物質移動現象（界面動電現象）である液体の電気浸透流を利用した脱液分離法であり、機械的な脱水分離方法とはその分離駆動力が本質的に異なっています。また、固－液異相界面に形成される電気二重層の厚さは液相中の電解質イオン濃度によって大きく変化して1～100 nm（nanometer）程度とされており、いわゆるナノメートルスケールの超微細領域で発生する流動現象を応用しています。したがって、例えば、超小型の電気浸透流ポンプのように、超微量の流体制御を行うことによってマイクロリアクターや燃料電池、携帯型医療機器の燃料送液や製剤投薬などに利用されることが期待されています。また、電気浸透現象に対する相対的運動である電気泳動現象はタンパク質などの分子レベルの分離分析・精製に利用されるゲル電気泳動法としてよく知られています。

以上のような見地から、電気浸透脱水技術は化学関連産業だけでなく、エレクトロニクス産業やバイオテクノロジー、ライフサイエンス等におけるミクロの分野への応用範囲の拡張的展開が期待できると考えられます。

引用・参考文献

１章

（１）油川博：化学工学，**53**，92（1989）

（２）駒形作次：“界面電気化学概要”，昭晃堂（1969）

（３）北原文雄，渡辺昌（編）：“界面電気現象”，共立出版（1972）

（４）油川博，吉田裕志：“微粒子分散系の分離工学”，化学工業社（1992）

（５）白戸紋平：“化学工学 ― 機械的単位操作の基礎”，丸善（1980）

（６）Kobayashi, K., M. Hakoda, Y. Hosoda, M. Iwata and H. Yukawa: *J. Chem. Eng. Japan*, **12**, 466 (1979)

（７）Kobayashi, K., M. Hakoda, Y. Hosoda, M. Iwata and H. Yukawa: *J. Chem. Eng. Japan*, **12**, 492 (1979)

（８）白戸紋平，村瀬敏朗，加藤宏夫，深谷成男：化学工学，**31**，1125（1976）

（９）Shirato, M., T. Murase, M. Negawa and H. Moridera: *J. Chem. Eng. Japan*, **4**, 263 (1971)

（10）Iwata, M., H. Igami, T. Murase and H. Yoshida: *J. Chem. Eng. Japan*, **24**, 45 (1991)

２章

（11）化学工学協会編：“スラッジの処理技術と装置”，培風館（1978）

（12）世界濾過工学会日本会編：“濾過工学ハンドブック”，丸善（2009）

（13）日本液体清澄化技術工業会編：“ユーザーのための実用固液分離技術”，分離技術会（2010）

３章

(14) Reuss, F. F.: *Memoires de la Societe Imperiale des Naturalistes de Moscou,* **2**, 327 (1809)

(15) 大塚電子㈱：技術資料LS-1003, (1997)

(16) Rampacek, C., in J. B. Poole and D. Doyle (eds.): Solid-Liquid Separation, p. 100, Her Majesty's Office (1966)

(17) Mahmoud, A., J. Olivier, J. Vaxelaire and A.F.A. Hoadley: *Water Research*, **44** (8), 2381 (2010)

(18) 駒形作次：電気化学, **11**, 13 (1943)

(19) Iwata, M., H. Igami, T. Murase and H. Yoshida: *J. Chem. Eng. Japan*, **24**, 399 (1991)

(20) 岩田政司：*Proceedings of Filtration and Separation Symposium'09*, p. 29–36 (2009)

(21) Iwata, M., T. Tanaka and M. S. Jami: *Drying Technology*, **31**, 170 (2013)

(22) 近藤史朗（化学工学会編）：最近の化学工学51 — 粒子・流体系分離工学の展開, p. 122, 化学工業社 (1999)

(23) Sunderland, J. G.: *J. of Applied Electrochemistry*, **17**, 889 (1987)

(24) 電気化学協会編："電気化学便覧, 第２版", p. 940, 丸善 (1974)

(25) Danish, L. A.: Report for the Canadian Electrical Association, 716U629, pp. 17, 49, New Brunswick Research and Productivity Council, Canada (1989)

(26) Terzaghi, K. and R.B. Peck: Soil mechanics in engineering practice, 2nd. ed., p. 147, John Wiley and Sons, Inc., (1967)

(27) 最上武雄："土質力学", pp. 52, 86, 岩波書店 (1974)

(28) Kelsh, D. J. and R. H. Sprute, in P. Somasundaran (ed.): American Institute of Mining, Metallurgical, and Petroleum Engineers, p. 1828 (1944)

(29) Sprute, R. H. and D. J. Kelsh: World Congress II of Chemical Engineering, Vol. 4, p. 142 (1981)

(30) Lockhart, N. C.: *Colloids and Surfaces*, **6**, 229, 239, 253 (1983)
(31) Lockhart, N. C. and R. E. Stickland: *Powder Technology*, **40**, 215 (1984)
(32) Lockhart, N. C., in H. S. Muralidhara (ed.): Advances in Solid-Liquid Separation, p. 241, Battelle Press, Columbus (1986)
(33) Lockhart, N. C. and G. H. Hart: *Drying Technology*, **6**, 415 (1988)
(34) Miller, S. A., C. Sacchetta and C. J. Veal: 17th AWWA Federal Convention, Melbourne, p. 302 (1997)
(35) Barton, W. A., S. A. Miller and C. J. Veal: *Drying Technology*, **17**, 497 (1999)
(36) 山口幹昌，新井利孝，松下博史：用水と廃水，**28**，370（1986）
(37) Kondoh, S. and M. Hiraoka: *Water Science and Technology*, **30**, 259 (1990)
(38) 近藤史朗，鈴木英晴，佐野滋：工業用水，**41**，386（1990）
(39) Yoshida, H.: *Drying Technology*, **11**, 787 (1993)
(40) Mujumdar, A. S. and H. Yoshida, in E. Vorobiev and N. Lebovka (eds.): Electrotechnologies for Extraction from Food Plants and Biomaterials, p. 127, Springer (2008)
(41) Bollinger, J. M. and R.A. Adams: *Chem. Eng. Prog.*, **80** (11), 54 (1984)
(42) Yoshida, H., in C. M. Galanakis (ed.): Food Waste Recovery-Processing Technologies and Industrial Techniques-, p. 210, Elsevier (2015)

４章

(43) Yoshida, H., T. Shinkawa and H. Yukawa: *J. Chem. Eng. Japan*, **18**, 337 (1985)
(44) Yukawa, H., H. Yoshida, K. Kobayashi and M. Hakoda: *J. Chem. Eng. Japan*, **9**, 402 (1976)
(45) Yukawa, H., H. Yoshida, K. Kobayashi and M. Hakoda: *J. Chem. Eng. Japan*, **11**, 475 (1978)

（46）吉田裕志，油川博：化学工学論文集，**12**，707（1986）
（47）吉田裕志，油川博：化学工学論文集，**13**，241（1987）
（48）吉田裕志，油川博：化学工学論文集，**13**，466（1987）
（49）岩田政司：*Proceedings of Filtration and Separation Symposium '03*, pp. 146–150 (2003)
（50）岩田政司，佐藤元洋，長瀬治男：化学工学論文集，**30**，626（2004）
（51）Shirato, M., T. Murase, H. Kato and S. Fukaya: *Kagaku Kogaku*, **31**, 1125 (1967)

5章

（52）Yoshida, H. and H. Yukawa: *Fluid/Particle Separation J.*, **4**, 1 (1991)
（53）Ho, M. and G. Chen: *Industrial and Engineering Chemistry Research*, **40**, 1859 (2001)
（54）Zhou, J., Z. Liu, P. She and F. Ding: *Drying Technology*, **19**, 627 (2001)
（55）Yoshida, H.: *J. Chem. Eng. Japan*, **34**, 840 (2001)
（56）Gray, D. H. and F. Somogyi: *J. of Geotechnical Engineering Division*, **103**, 51 (1977)
（57）Rabie, H. R., A. S. Mujumdar and M. E. Weber: *Separation Technology*, **4**, 38 (1994)
（58）Goparakrishnan, S., A. S. Mujumdar and M. E. Weber: *Separation Technology*, **6**, 197 (1996)
（59）Iwata, M.: *J. Chem. Eng. Japan*, **33**, 308 (2000)
（60）Isobe, S., K. Uemura and A. Noguchi: Proceeding of The 2nd International Soybean Processing and Utilization Conference, p. 523 (1996)
（61）Li, L., X. Li, K. Uemura and E. Tatsumi: Proceedings of The 99th International Conference on Agricultural Engineering IV, p. 58 (1999)
（62）Li, X., K. Nanayama, K. Uemura, H. Sakabe and S. Isobe: Proceedings of The 3rd Annual Meeting of The Society of Food Engineers, p. 75 (2002)

（63） Xia, B., D.W. Sun, L.T. Li, X.Q. Li and E. Tatsumi: *Drying Technology*, **21**, 129 (2003)
（64） Yoshida, H., K. Kitajyo and M. Nakayama: *Drying Technology*, **17**, 539 (1999)
（65） Yoshida, H., K. Tanaka and M. Komatsu: *The Transactions of Filtration Society*, 2, 27 (2001)
（66） Yoshida, H.: *J. Chem. Eng. Japan*, **33**, 134 (2000)
（67） 吉田裕志，藤本武，H. Hishamudi：化学工学論文集，**30**，633（2004）
（68） Yoshida, H., T. Yoshikawa and M. Kawasaki: *Drying Technology*, **31**, 775 (2013)
（69） Yoshida, H. and T. Yoshikawa : *J. Chem. Eng. Japan*, **45**, 182 (2012)

６章

（70） 牛田雅也：“汚泥の処理とリサイクル技術”，p. 86，NTS（2010）
（71） 鈴木康夫，今野政憲，佐藤由希子，宍戸郁郎：化学工学論文集，**16**，1133（1990）
（72） https://www.jswa.go.jp/g/g04/pdf/30.pdf（回転加圧脱水機III型）

索　引

※特に参照するべきページはゴシック体。

い

え

お

か

き

ち

つ

て

と

吉田　裕志（よしだ　ひろし）

1948年９月：群馬県生まれ
1971年３月：群馬大学工学部化学工学科卒業
1973年３月：群馬大学大学院工学研究科化学工学専攻修士課程修了
1973年４月：持田製薬株式会社入社
1974年７月：小山工業高等専門学校工業化学科助手
1987年３月：工学博士（名古屋大学）
1989年４月：小山工業高等専門学校工業化学科助教授
2000年４月：小山工業高等専門学校物質工学科（工業化学科改組）教授
2013年３月：小山工業高等専門学校退職

1984年５月～1985年２月：文部省内地研究員（名古屋大学）
1992年３月～８月：文部省在外研究員（McGill大学〈カナダ〉）
1996年９月～1997年３月：農林水産省食品総合研究所食品工学部特別研究員
（つくば）
2000年４月～９月：文部省在外研究員（Loughborough大学〈英国〉）
2013年４月～2018年３月：小山工業高等専門学校非常勤講師

小山工業高等専門学校名誉教授

電気浸透脱水技術
— 基本から活用まで —

2021年5月8日　初版第1刷発行

著　　者　吉田裕志
発 行 者　中田典昭
発 行 所　東京図書出版
発行発売　株式会社 リフレ出版
〒113-0021　東京都文京区本駒込 3-10-4
電話 (03)3823-9171　FAX 0120-41-8080
印　　刷　株式会社 ブレイン

ISBN978-4-86641-397-6 C3058
Printed in Japan 2021